蒋　辰／编著

Illustrator CC

2018数字图形设计
实用案例与技巧（微课版）

清華大學出版社
北京

内 容 简 介

本书是一本关于视觉传达设计的软件实用技巧的教材。全书将把从基础软件操作技巧到进阶的相关内容归纳出若干个商业视觉设计案例模块，分别介绍实际应用中的设计理论与技巧，并结合设计思维的养成来探讨数字时代背景下图形与图像的创意原理与方法。本书将使用 Adobe Illustrator CC 2018 矢量软件来完成基础知识的讲解和案例的剖析。

本书适合作为高等学校平面设计、视觉传达、数字媒体艺术、摄制类专业的教材，也可作为相关从业人员的参考用书。

图书在版编目（CIP）数据

Illustrator CC 2018 数字图形设计实用案例与技巧：微课版/蒋辰编著. —北京：清华大学出版社，2022.10
ISBN 978-7-302-61415-9

Ⅰ. ①I… Ⅱ. ①蒋… Ⅲ. ①图形软件—教材 Ⅳ. ①TP391.412

中国版本图书馆 CIP 数据核字(2022)第 136154 号

责任编辑： 张龙卿
封面设计： 范春燕
责任校对： 刘 静
责任印制： 朱雨萌

出版发行： 清华大学出版社
　　　　　 网　　址：http://www.tup.com.cn，http://www.wqbook.com
　　　　　 地　　址：北京清华大学学研大厦 A 座　　　　　　　　邮　　编：100084
　　　　　 社 总 机：010-83470000　　　　　　　　　　　　　　邮　　购：010-62786544
　　　　　 投稿与读者服务：010-62776969，c-service@tup. tsinghua. edu. cn
　　　　　 质量反馈：010-62772015，zhiliang@tup. tsinghua. edu. cn
印 装 者： 三河市龙大印装有限公司
经　　销： 全国新华书店
开　　本： 185mm×260mm　　　 **印　张：** 13.75　　　 **字　数：** 329 千字
版　　次： 2022 年 12 月第 1 版　　　　　　　　　　　　 **印　次：** 2022 年 12 月第 1 次印刷
定　　价： 69.00 元

产品编号：087203-01

前言

随着人们的消费升级，中国正努力从生产大国向创造大国转变。设计思维可以驱动行业的创新，尤其是视觉设计领域。好的设计不仅要满足信息传达的功能需求，还要表现各个视觉元素之间的造型特点及情感表达。本书要求学生掌握一定的素描、色彩或者其他美术基础，并对空间、形态、色彩、力场、视觉动势等视觉要素和构成要素有充分的认知，对视觉要素的组合规律、表现形式与表现技巧之间的关系进行全面的学习与研究。读者在学习本书之后，应能掌握基本图形设计的原理和语言，以及平面媒体的输出流程与方法，最终能够独立进行视觉媒体的创意表现与制作。

本书清晰地阐述了平面设计的诸多原理，如版式设计、字体设计、色彩应用、空间处理、图像选用等，并介绍了将这些设计元素整合起来的方法，以便帮助学生掌握平面设计的基本技巧。书中收录了当今商业视觉设计的精彩案例，并附有精辟的点评，能够点亮设计师的灵感火花，进而可以帮助平面设计师掌握专业知识及提升设计技巧。本书还从实际应用角度出发，针对 Adobe Illustrator CC 2018 这款软件进行进阶教学，内容包括新版本软件的实用新功能，矢量进阶绘图技巧，矢量图与位图的合成创意等，对想要进阶学习图形图像创意的设计师有着较大的帮助作用。

本书的原始教学讲义诞生于 2016 年，经过了浙江传媒学院动画与数字艺术学院动画专业、数字媒体艺术专业高年级本科生的多次随堂教学使用。将这些讲义整理成为一本正式出版的教材一直是编者的一个愿望，鉴于国内高校视觉传达及数字媒体艺术等相关专业对图形设计教材的迫切需求，编者决定将教学讲义以教材的形式出版。本书在编写时又对内容进行了进一步的充实和完善。

由于编者教学任务繁重，书中若有不足之处，敬请读者批评、指正。

编　者
2022 年 8 月

目录

第1章 数字图形

本章将从数字图形的发展历程中的几个重要时刻谈起,使得同学们能真正了解科技的进步对数字图形发展的关键作用。同时,还会详细讲解数字图形的两种图形类别,即位图图形和矢量图形的视觉表现形式等。

📖 **本章要点:**

● 数字图像的发展
● 位图图像的创意表现
● 矢量图形的创意表现

1.1　数字图像的发展

说起数字图形,还是要从早期的影像先驱们说起。下面可以看一下数字图形设计发展历程中的多个关键时间点。

1793 年法国摄影先驱尤瑟夫·尼塞福尔·尼埃普斯(Joseph Nicéphore Niépce)开始研究如何拍摄照片,他用各种不同的感光介质进行拍摄实验。《鸽子屋》是在 1827 年拍下的照片,如图 1-1 所示。这张照片曝光了 8 个小时,他称这张照片为"日光图"(heliograph)技术。可以说这张照片的拍摄成功,意味着人类可以通过一定的技巧记录图像。

图　1-1

如图 1-2 所示，这张照片是由法国发明家路易·达盖尔（Louis Daguerr）在 1839 年创作的，是人类史上真正意义上的第一张照片。这张照片拍摄于巴黎共和广场，使用的感光介质是银版。银版摄影法就是由他发明的。这张照片用了 10 多分钟来曝光，所以只拍到了左下角擦鞋匠和客人的身影，其他人由于曝光时间过长都不见了。

图　1-2

📑 提示：

下面说明什么是银版曝光拍摄方法。准备一块研磨过的镀银铜版，洗净抛光后，置入装有碘溶液或碘晶体的小箱内，表面会形成碘化银的感光膜。经过 30 分钟曝光之后，在光线的作用下，碘化银会根据光线的强弱还原为不同密度的金属银，形成"潜影"。接下来先以水银（汞）蒸汽显影；再放入浓热食盐溶液中，通过氯化钠的作用进行"定影"；最后水洗，晾干。用这种方法拍摄照片的曝光时间大大短于前文中提到的 heliograph 拍摄方法，并且用该方法拍摄的照片具有影纹细腻、色调均匀、不易褪色等特点。

图 1-3 是世界上第一张用银版曝光拍摄方法拍摄的太阳照片，是由法国物理学家 Léon Foucault 与 Louis Fizeau 在 1845 年完成的，以 1/60s 的曝光值拍摄。照片中还可看到太阳黑子。

图　1-3

图 1-4 为物理学家詹姆斯·克拉克·麦克斯韦（James Clerk Maxwell）拍摄的一张彩色照片，他首先提出可以将三张单色照片叠加在一起创建全彩色照片的想法。1861 年他终于利用三色叠加原理拍摄出一张彩色的格子丝带。他对图片中的格子丝带拍摄三次，每一次拍摄都采用不同色彩过滤镜头，三次拍摄后使用三个带有相同色彩滤色镜的幻灯机投影在屏幕上，当三个画面重合在一起时，彩色照片便呈现出来了。James Clerk Maxwell 在研究

色觉理论时发现人类眼睛的视锥细胞对红、绿、蓝三个颜色的敏感程度不同,因此他大胆设想将三个颜色叠加在一起,可以人工再现所有的颜色,这也是现代数字图形中颜色科学的理论基础。

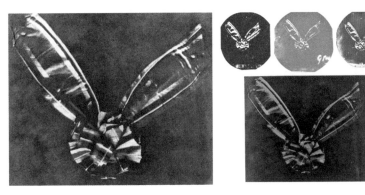

图　1-4

历史上第一部数码相机是在 1975 年由柯达公司的工程师史蒂文·赛尚(Steven Sasson)发明的。1975 年冬天,他使用实验室中找到的各种剩余材料拼凑而成一部体积庞大的数码相机,由于当时技术和工艺还处于起步阶段,还不能生产微小体积的大规模集成电路芯片,导致了这台数码相机显得非常笨重。他用 100×100 像素集成的 CCD 感光芯片(电荷耦合器件)所拍得的第一张数码图像如图 1-5 所示。

图　1-5

▶ 提示:

100×100 像素 =10 000 像素。如果将该图像冲印,只能冲印成小于 1 英寸的照片。若大于 1 英寸,照片就变得模糊了。

如图 1-6 所示,这幅名为 Jennifer in Paradise 的照片是由数字图像处理软件 Photoshop 设计者之一的约翰·诺尔(John Knoll)在 1987 年用一台胶片相机拍摄完成的,是史上第一张经过 Photoshop 处理的照片。后来,他与兄弟托马斯·诺尔(Thomas Knoll)联合设计了著名的数字图像处理软件 Photoshop,并用这张图作为 Photoshop 的范例。1989 年最早版本的 Photoshop 在苹果计算机 Macintosh 上运行,如图 1-7 所示。

图 1-6

图 1-7

　　随着科技的进步，数字技术已经应用到人们生活中的方方面面，生活中的许多信息都可以用数字数据进行传播和储存，数字图像就是以数字形式进行存储和处理的图像信息。利用相应的采集工具将现实世界的图像信息采集到处理平台上，可以对图像信息以数字的形式进行编辑和处理，处理完成后，即可利用广播、卫星、光缆、网络进行传输，并可以多次复制而不失真，还能永久储存。

1.2　位图图像的创意表现

1. 认识位图图像及其显示

　　位图图像在技术上称为栅格图像，使用称为"像素"的小方形点组成表现图像的信息。放大位图图像后可以看到像素点，如图 1-8 所示。像素也是数字显示设备的最小物理单位，像素可以进行不同的排列和染色来构成及表现图片内容。每个像素都有自己的位置信息和颜色信息。位图图像是连续色调的图像，所表现的阴影和颜色的细微层次非常丰富。

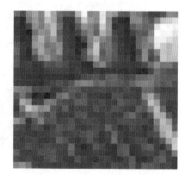

图 1-8

　　位图图像与分辨率有关，它是由固定的像素点构成的，像素点的多少将决定位图图像的显示质量和文件大小，分辨率越高，图像越清晰，图像文件所占的空间也就越大。

　　要分清两个容易混淆的概念：DPI 和 PPI。作为一名视觉设计工作者，需要搞清楚两者在实际工作中的区别。

　　DPI 是指 dots per inch，意思是每英寸上的点。dots 可以指半调印刷的墨点、喷墨打印的墨点、扫描仪的采样点等。

　　PPI 是指 pixels per inch，意思是每英寸上的像素。pixel 既可以指数字图像的像素，也可以指屏幕的物理像素。

　　例如，当需要输出、打印一张位图图片时，应如何具体设置图像的像素长宽数据呢？可用以下公式：像素＝英寸×DPI。此时需要知道输出设备的分辨率（DPI）。比如，如果想输出一张 3 英寸高、2 英寸宽的照片,假设输出打印机的分辨率为 300DPI,那么求得的像素为 900×600 像素。

> **注意：**
>
> 印刷机的印刷精细度是有一定限制的,并不是越高的分辨率印刷出来的图像就越精细。成品的精细度和色彩的丰富程度也有关系,如 6 色比 4 色印刷画面看起来更精细,这并不是分辨率的原因,而是色彩让图像更加饱满细腻了。人眼的"分辨率"上限约是300DPI,人眼对于 300DPI 和 600DPI 下的图像已经分辨不出区别。

后来,苹果公司的 Retina 视网显示技术诞生了,这是一种新型高分辨率的显示技术,也就是把实际 100×100 像素分辨率的图片倍频成 400×400 像素的图片,再显示到液晶面板上面。以 MacBook Pro with Retina Display 为例,工作时显卡输出的图像的分辨率为 2880×1800 像素,其中每 4 像素一组输出原来屏幕的 1 像素图像,这样,用户所看到的图标与文字的大小与原来的 1440×900 像素分辨率显示屏相同,但精细度是原来的 4 倍。带有 Retina显示技术的显示效果和传统显示设备的对比如图 1-9 所示。

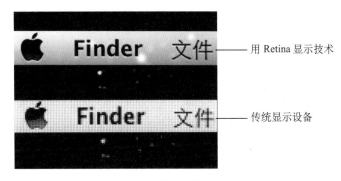

用 Retina 显示技术

传统显示设备

图　1-9

2. 影像的采集

"有光就有世界",太阳光是现实世界中唯一的自然光源,正因为有了太阳光,光线通过反射作用,将事物的形态、颜色等信息透过眼睛传输给大脑进行分析和反馈,这样人们就能用眼睛观察世界。要获得一幅数字图像,必须将现实生活中的光学画面转换成数字信息,以便在计算机上进行处理和加工。

那么,影像传感器＋光学镜头就是采集影像最便捷的方式之一。

如图 1-10 所示,这是用日本 Nikon 公司的全画幅(35.9×23.9mm)数码单镜反光相机 D850 拍摄的照片。影像传感器可以采集到最大分辨率约为 8256×5504 像素的单张数字图像,理论上可以支持宽为 1200mm 以上相片尺寸的打印或印刷,还能保证画面的纯净、锐利、清晰。

那么,影响传感器的像素还可以再高吗？瑞典相机品牌 Hasselblad(哈苏)产品系列 H6D-400C MS 采用全新研发的 1 亿像素的画幅 CMOS 传感器。通过像素位移技术(拍摄多张照片后再进行合成),这款相机可以拍摄最高达 4 亿像素的照片,解析力非常惊人。

图　1-10

　　哈苏相机通过合成前 4 张 1 像素的位移照片,加上后两张 0.5 像素的位移照片,可以提升成像的质量,最终合成出了 4 亿像素的照片。如图 1-11 所示为像素位移工作原理。目前像素位移技术已经出现在许多数码相机中,这是通过拍摄多张照片并进行合成,然后完成一张高像素照片的拍摄。例如,拜耳传感器中像素与像素之间存在间隙,而传感器无法捕捉其中的信号,利用数码相机上的防抖功能可以使单块传感器产生位移后,再分别拍摄多个画面,这就用到了多帧拍摄合成技术。

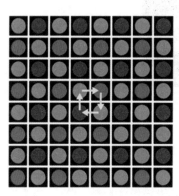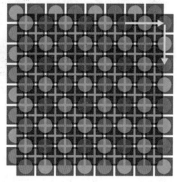

图　1-11

　　瑞典摄影师格兰利勒伯格使用哈苏相机拍摄的昆虫与花卉的微距摄影作品中,每张成片都包含数百张图像,这些图像以不同的清晰度堆叠在一起,以创建尽可能详细和逼真的图像。此微距技术可以用极大的放大倍率放大图像,但不会损失任何清晰度或细节。如图 1-12 所示为格兰利勒伯格拍摄的昆虫微距摄影作品示例。

　　刚才讲了影像传感器,那么影像传感器获得自然界的光线自然需要一只光学镜头。如图 1-13 所示为德国 Carl Zeiss 定焦相机镜头 ZEISS Otus 1.4/55（1.4 代表光圈值，55 代表焦段）。光线通过镜头内部的镜片组反射到传感器上,因此它也是影像采集设备上最重要的部件之一。早期传统的光学镜头中只有光学镜片和机械装置,到了现在的数字时代,镜头内部还设置了电子芯片,以便让数字拍摄设备能获得目前镜头的工作情况,可以自动对焦的镜头还可以通过镜头内的超声波马达进行高速自动对焦和追焦。目前,新型的数码相机已经包含了人脸对焦和眼控对焦等新型对焦技术,可以在拍摄高速运动对象时利用镜头和图像处理器的实时计算来进行高速追焦,保证连拍画面和录制视频时可以精确合焦。这在拍摄动态题材中非常重要。如图 1-14 所示照片为佳能 EOS R5/R6 相机利用其搭载的人物 / 动物检测自动对焦追踪系统在拍摄高速运动对象时所体现出的精确对焦性能。

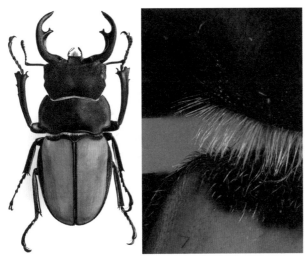

图 1-12

图 1-13

图 1-14

有时需要精细采集实物的影像信息,例如,纸上或布上的绘画作品、文件资料、印刷物料等,此时单靠相机拍摄的精度可能无法达到制作要求,可以依靠高分辨率的扫描仪进行高精度的图像采集。扫描仪是利用光电技术和数字处理技术,以扫描方式将图形或图像信息转换为数字信号的装置。扫描仪是一种通过捕获图像并将之转换成计算机可以显示、编辑、存储和输出的数字化的输入设备。纸质照片、文本、图纸、绘画作品、菲林片甚至纺织品、标牌面板、印制制品和三维对象都可作为扫描对象。利用扫描仪采集图像的精度高,画面光线均匀真实,使对象的还原度很高。

3. 采集图像常用的扫描仪

扫描仪的类型很多,下面介绍采集图像常用的几种。

(1) 平面扫描仪。它的扫描方式是移动扫描头进行平扫,感光元件为 CCD。专业的平面扫描仪最大分辨率为 2400×4800DPI,反射稿最大扫描幅面为 310×437mm(12.2×17.2 英寸），透射稿最大扫描幅面为 309×420mm（12.2×16.5 英寸）。设计制图、印刷、插图绘制、商业摄影、当代艺术等行业都会使用到此类能满足专业需求的平板扫描仪。扫描仪还支持利用大尺寸透扫器来扫描胶片,透扫器对于本机最大扫描范围是 309×420mm。透扫器分为 4 种类型,共有 8 个专业底片夹,其中包括 135mm 底片夹、120/220mm 底片夹和 4×5mm 底片夹以及 35mm 幻灯片底片夹,让使用者可以一次扫描 48 张底片或 30 张幻灯片,能有效提升扫描效率。专业的扫描仪除了精度高之外,色彩信息的还原能力也极为出色。扫描仪最高支持 48bit 的色彩位深,色彩位深越高,扫描图像的色彩层次越丰富。如图 1-15 所示为 Epson Expression 12000XL 平面扫描仪和不同规格的透扫器。

图 1-15

（2）大幅面非接触式扫描系统。很多时候需要扫描尺寸稍大的文件,常规的平面扫描仪由于扫描区域体积较小而无法胜任,此时就需要采用大幅面非接触式扫描系统。大幅面非接触式扫描系统有很多类型,首先介绍 Phaseone PowerPhase FX Scanner,这是一套用于绘画艺术品及历史文物数字化的专用采集设备,如图 1-16 所示。

绘画艺术品及历史文物由于年代久远,存在不同程度的老化破损,所以急需进行数字化采集、储存。以前大多数高档画册制作还是采用先拍摄胶片再进行电分扫描的方法,这就要求必须将大量的胶片经扫描转化为数字信息,但同时又经常受到速度、幅面、精度、胶片的特性以及扫描质量等问题的困扰,而很多油画、国画、壁画等作品的画面尺寸巨大,这就对扫描设备的精度提出了较高要求。如丹麦的 Phaseone PowerPhase FX Scanner 拥有高达 3.9 亿像素,装载德国 Schneider 线性工业镜头,扫描光源采用德国 Osram 日光型灯

图 1-16

光。色彩还原精准而且比传统胶片拥有更广阔的色彩空间,在高光和暗部都有很好的层次和细腻表现,可以将油画笔触风格和国画笔锋墨韵表现得淋漓尽致,与原作的相似程度可以达到 95% 以上,同时可以支持无缝拼接技术完美实现超大幅面的扫描。

Phaseone PowerPhase FX Scanner 简化了工业流程,提高了效率,免去了拍摄、冲洗、电分的过程,将实物摆在前面就可以直接进行扫描,它对幅面没有任何限制,真实地还原了原稿的色彩和质感,大大提高了工作效率和印刷品质。如图 1-17 所示展示了经过扫描后的桑德罗·波提切利（Sandro Botticelli）的传世名画《维纳斯的诞生》的惊人细节效果。

图　1-17

这套扫描系统还能在现代特殊印刷行业中得到广泛应用。例如,装饰材料、木纹材质、大理石花纹、瓷砖花纹、皮革等印版的制作过程中,对材质的层次、细节有着特殊的要求,由于印版都是通过激光雕刻制成的,所以对原稿扫描时要尽可能地将原稿层次、细节进行放大扫描,扫描完成后可以在后期制图中拼接纹理或进行创意修图,操作十分灵活。

（3）三维扫描仪。这通常指的是扫描精度能达到计量级精度的工业 3D 扫描仪,是专为 CAD 用户和工程师准备的精密扫描设备。如卢森堡的 Artec Space Spider 三维扫描仪如图 1-18 所示,手持该三维扫描仪能够完美捕捉小型物体或大型工业物体上的精密细节,精度高,准确度稳定,色泽鲜亮。这款扫描仪用起来快速、精确,以每秒 200 万点的速度及高达 0.1mm 的精度捕获图像并进行同步处理;能识别复杂几何图案、锋利边缘和精密螺纹,出众的能力使其可以完成高精度图像捕获,包括成型部件、印刷电路板、钥匙、硬币甚至人耳在内的物体,可立即将 3D 成品模型导入至 CAD 软件中。Artec Space Spider 被应用于多个不同的行业领域,从快速造型到质量管理、逆向工程开发、CGI（计算机三维动画）、文物保护、汽车行业、现场取证、医疗修复、航空航天,以及为残疾人量身打造的高度贴合的支架等。

图　1-18

4. 通过软件来编辑和处理位图图像

（1）Adobe Photoshop。这是一款几乎无人不知的位图图像编辑软件。Photoshop 主要处理像素构成的数字图像,使用其众多的编修与绘图工具,可以有效地进行图片编辑工作。

Photoshop 是集图像扫描、编辑修改、图像制作、广告创意、图像输入与输出于一体的专业图形图像处理软件,在各种行业中常用它来进行图片编辑。Photoshop 可分为图像编辑、图像合成、绘画等模块。

① 图像编辑模块：这是图像处理的基础，可以对图像做各种二维属性变换等，也可以复制图像，去除斑点，或进行修补、修饰图像的残损等方面的处理。图 1-19 所示为商业广告级别的精细修图局部案例。

图　1-19

② 图像合成模块：也可以称为影像创意模块。Photoshop 拥有包括矢量设计、笔刷绘制、图层叠加、字体设计等丰富的编辑工具，可以利用软件的强大功能进行多张图片的拼接与混合，从而产生新的创意画面。可以合成创意风光图片、电影概念设定气氛图、广告宣传画，或进行网页设计、视觉可视化设计、界面设计等，如图 1-20 所示。

图　1-20

③ 绘画模块：Photoshop 还拥有丰富的绘图工具，内置的画笔工具加上画笔笔刷，可以模拟真实画笔笔触，通过与数位板协同作业，便可以在软件内像真实绘画一样画出逼真的插画作品。因为有图层模块，绘画变得十分便利，可以将画面分区域、分层来画，方便随时修改色调、位置、大小等造型关系。还可以立即使用色调调整等工具进行局部调色，前景与背景的关系也可以利用锐化或模糊等滤镜快速调整，区域选取系列工具能快速创建选区，方便实时上色。除了偏手绘的影像风格，还可以充分利用 Photoshop 的强大功能创建新颖的画面风格，比如近些年非常火热的像素画、扁平化风格等。与其他软件协作方面，很多三维软件中的模型贴图需要使用 Photoshop 进行绘制或处理。在制作材质时，可利用 Photoshop 制作在三维软件中无法得到的合适材质，如图 1-21 所示（王元梓绘制）。

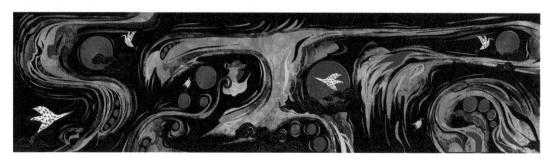

图 1-21

（2）适用于在移动设备上进行图像处理的 App。现在，设计师喜欢用移动设备（如 iPad）编辑图片或创建图像。移动设备由于其计算性能越来越好且能随时随地工作的便捷特点，在近几年的设计工作中起到十分重要的作用。下面介绍几款移动设备上使用的图像处理 App。

① Artstudio pro：这是一款功能十分接近 Photoshop 的图像编辑与合成 App，拥有专业的编辑功能，同时运行流畅。

② Affinity photo：这款 App 的修图功能非常专业，可以说是移动设备中最好用的用于修图和合成图像的 App，而且还支持导入 psd 文件，与多个平台互联，可以编辑 raw 格式文件等专业功能。完全可以将它与桌面版 Photoshop 结合起来工作。

③ Procreate：这是一款用于插图绘制的 App，有点像 Photoshop 中的绘图模块，内置精美画笔库、分层绘图等专业功能。

④ Artset：这是一款绘画 App，其特点是完全仿真了真实绘画中的画布肌理、画笔类型、笔触效果等，绘图效果较为逼真。

1.3　矢量图形的创意表现

矢量图形在数学上定义为一系列由点连接的线，每个矢量对象都是单独的实体，它具有颜色、形状、轮廓、大小和屏幕位置等属性。矢量图形适用于图形设计、文字设计、标志设计、版式设计等。位图需要由很多像素来组合表现一张图像，而矢量图仅需要一些点和线的位置和颜色的描述信息就可以表现。矢量图形可通过公式计算获得，文件体积一般较小。矢量图形是根据几何特性来描绘的，也就是说，在计算机中矢量图形是由一个个单独的点构成的，这些点在软件中叫锚点。例如，一个三角形需要三个顶点，也就是三个锚点，三个锚点形成的闭合图形就是三角形。

矢量图形较位图图像有着显著的优势，不仅在存储文件上占用内存小，而且图像文件都是独立的，可以随意组合；另外，矢量根据几何特性描绘图像，与分辨率无关，不管如何放大或是缩小图像，都不会失真，完全不用担心像素和分辨率的问题。也就是说，可以将它们缩放到任意尺寸，从而可以按任意分辨率打印，而不丢失细节，也不会降低清晰度。因此，对于缩放到不同大小时必须保留清晰线条的图形（如标志设计），矢量图形是表现这些图形的最佳选择。

矢量图形可以表现色彩明快、形状简洁的图形风格。利用点和线闭合组成图形，再给图形区域指定颜色，便可以完成图形设计。图 1-22 和图 1-23 展示了即便放大矢量图形中的局部画面，也不会出现像素颗粒，对于分辨率有高要求的设计稿件以及需要制版印刷输出的媒介产品，矢量图形具有特殊的优势和不可替代性。

图 1-22

图 1-23

1. 常用的表现矢量图形的软件

（1）CorelDRAW。加拿大 Corel 公司的 CorelDRAW 是平面矢量图形设计软件，可以进行图形绘制、版面设计、矢量动画、页面设计、网站制作、位图编辑和网页动画等多种功能。

（2）AutoCAD。这是 Autodesk 公司的一款功能强大且应用领域极为广泛的辅助绘图软件，它可以绘制复杂的工程图，而不是简单的线条或图标。它的绘图功能很强大，几乎无所不能，比如，可以用于土木建筑、装饰装潢、工业制图、工程制图、电子工业、服装加工等多个领域。

（3）Animate CC。这是一款动态矢量设计软件，软件的前身是 Adobe Flash CC，它是Adobe 公司所设计的一款二维动画软件，用于设计、编辑和播放 Flash 动画视频。可以将动画快速发布到多个平台或者传送到观看者的桌面、移动设备或电视上。

（4）Sketch。这是一款定位于 UI（user interface，用户界面）设计和交互设计方面的矢量绘图软件，也是目前进行网页、图标以及界面设计的最佳选择方案。除了矢量图形编辑功能之外，软件还有一些基本的位图工具，比如模糊和色彩校正。利用它能够进行移动端设备的界面原型设计、动效设计等工作。软件具有功能专业、操作便捷、运行速度快等特点，给广大产品界面和 UI 设计师提供了一个简捷实用的创作平台。

（5）Adobe Illustrator CC。这是一款行业标准的矢量图形处理软件，主要应用于印刷出版、海报书籍排版、专业插画、多媒体图像处理和互联网页面制作等方面。

Adobe Illustrator 是美国 Adobe 公司推出的基于矢量的图形制作软件，最初是为苹果公司 Macintosh 计算机设计开发的。最早它只是 Adobe 内部用于字体开发和 PostScript 编辑的软件。1987 年 1 月，Adobe 公司推出了 Adobe Illustrator 1.1 版本。

Illustrator 和 Photoshop 一样，同属于 Adobe 公司，并同时出现在 CreativeCloud 软件套装中，专门针对矢量图形创意和版面设计领域。经过 30 年的发展，Illustrator 早已成为视觉设计行业的标准应用工具，越来越多的视觉设计师开始使用 Illustrator 进行设计。据不完全统计，全球有 67% 的设计师在使用 Illustrator 进行艺术设计，并占领了专业的印刷出版领域。Illustrator 所提供的突破性、富于创意的选项和功能强大的工具，能完美实现用户的设计意图，提供无限的创意空间。该软件可以绘制品牌识别系统、杂志插图、广告视觉内容，或用于版面编排、字体设计等。

（6）Affinity designer 和 Vectornator。这两款软件都是矢量图形创意设计 App，可起到与桌面版 Illustrator 相配合的辅助作用。Affinity designer 具备一些 Illustrator 没有，而 Photoshop 才有的功能，比如设置图层样式及调整图层，使得它同时拥有了矢量和位图两种软件的功能。而 Vectornator 相较 Affinity designer，功能更偏向插图绘制，经常需要绘制矢量插图的设计师可以尝试用该 App。

2. 矢量图形的视觉表现实例

1）图形设计

图形设计包括了视觉结构设计、字符变形设计、色彩构成设计等最基本的创意图形设计。可以利用绘图工具绘制一些简单的视觉造型结构，例如平面构成、纹样设计等。图 1-24 中展示了利用锚点和路径可以绘制出连续且重复的构成设计图形。将草图中的图形导入软件中绘制并加以调整，利用复制和变换功能便可以快速得到想要的重复视觉结构，组合方式多样，图形造型可以是几何图形，也可以是有机图形，并且层次分明，同时具有二维和三维的视觉效果。

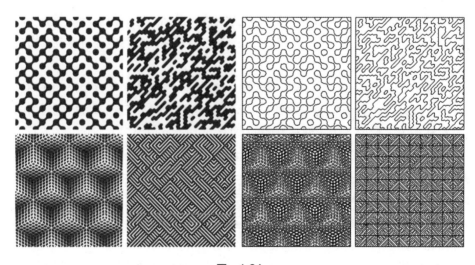

图　1-24

字符变形图形设计的案例如图 1-25 所示,设计师以西文字符为主要结构,利用几何的线和面元素配合软件的重复和旋转等命令,便可完成层次丰富、空间感强的图形设计效果。同时三个图形造型简洁明快、整齐有序,具有强烈的几何感,这也反映了在进行矢量图形设计时,图形的轮廓设计需要尽量精确简洁,同时要有一定的空间感和立体感。

图 1-25

2)品牌识别设计

Illustrator 中几乎可以绘制任何形态的图形,从而使品牌的视觉形象变得形态各异和丰富多彩。图 1-26 展示了 Illustrator 可以完成的多种形态风格的标识设计以及近年来的一些时尚品牌形象设计。

苹果公司于 2018 年 10 月 30 号在纽约布鲁克林音乐学院举行产品发布会前夕发出的邀请函中使用了若干个不重样的 Logo 设计。现在当用户刷新 Apple Event(苹果特别活动)网站时,都会看到不一样的视觉风格的苹果 Logo,如图 1-26(a)所示;也可以通过这些设计看出一些当代设计的流行趋势,例如,带有渐变效果的扁平化图形设计、手绘插图与矢量图形结合、有序或抽象的几何图形、具有渐变光感的叠加流体曲线设计、现代波普艺术、点彩风格、通过计算机运算形成的分形艺术、晶格化的低多边形风(Low Poly)等,其中绝大部分的设计都是基于矢量软件来完成的。

图 1-26(b)所示为 2021 年 G20 意大利峰会标志,象征稳定和复兴。这是根据达·芬奇的名画《维特鲁维亚人》而创作的,该标志象征着文艺复兴、人文主义等。作品在概念上包含了文艺复兴时期人的特质,并通过稳定和平衡表达出应与世界和谐相处,并可意识到自己在其中的位置。人体有两种基本的几何形状,其中,正方形表示居中和稳定,圆形象

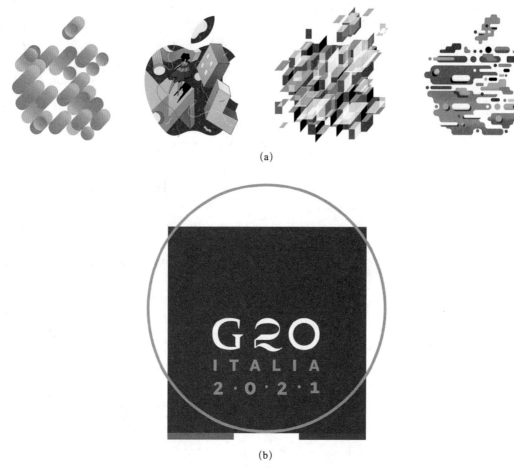

(a)

(b)

图 1-26

征运动和绝对。该标志表现了一种稳定及趋向于无限的运动。G20 三个字符取代了达·芬奇作品中人的形象。蓝色的正方形代表意大利，而金色的圆圈则象征着地球和再生的循环运动。意大利在这一重要的国际事件中可以充当一个枢纽，以解决新的"世界比例"。G20 三个字符代表了意大利建筑和文字的典型形状："G"让人联想到罗马帝国，灵感来源于图拉真柱底部的字母，图拉真柱是首都的象征性纪念碑之一；"2"是对雕刻大师博多尼（Gian Battista Bodoni）的致敬，表达了意大利印刷术在世界范围内的卓越贡献，而这个字体是博多尼于 1798 年设计的新古典主义字体，粗细线条形成强烈对比，代表着优雅与和谐；"0"是一个既代表现代主义又用严谨的几何形书写的圆圈，它凝聚了理性主义思想和艺术前卫的精髓，如未来主义运动，为当代视觉文化赋予了新的生命。最后，Italia 2021 副标题用 Sole Sans 字体书写，由意大利 C-A-S-T 铸造厂开发，由 Riccardo Olocco 和 Luciano Perondi 设计。

矢量绘制风格不仅仅是用简单的纯色，还可以应用更为复杂的渐变效果，利用这一特点，用软件同样可以表现有光影对比的特殊材质。很多汽车品牌的徽标设计为了凸显高档和优雅，都会将徽标处理得较为立体或具有对比强烈的金属质感。图 1-27 所示为美国豪华汽车品牌凯迪拉克的盾牌纹徽标设计。新版的设计加宽了盾牌图形，徽标整体感觉更美观、更轻盈；内部利用独特的运动格栅分隔出的红色纹理象征行动果敢，银白色代表纯洁、仁慈，蓝色代表骑士精神。该徽标与凯迪拉克专用手写字体配合，显得十分时尚和现代。

图　1-27

3）创意插图设计

在视觉设计领域中，插图设计涉及范围非常广，下面介绍两种类型。

（1）书籍页面中的插图设计。这是配合文字内容、形式构成、情感渲染等要求来表现插图画面。图 1-28 为波兰设计师 Dawid Ryski 所做的书籍设计，他负责其中的插图绘制和页面的版式设计。可以看到设计师从草图开始构思，再到计算机中绘制矢量插图，这使整本书在满足了文本阅读的同时，让内容看起来更极具亲和力和趣味性，方便儿童阅读。该项目获得了 2018 年的红点奖最佳装帧设计奖。

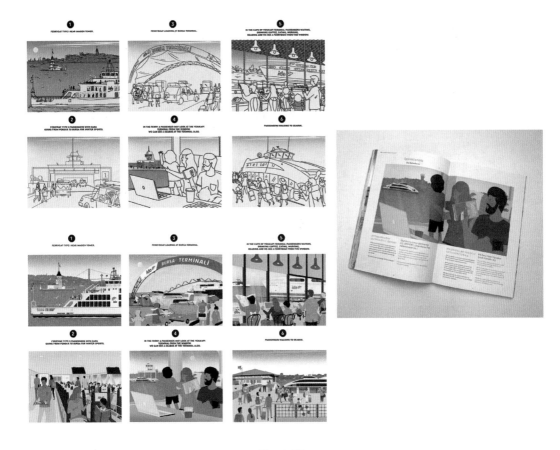

图　1-28

（2）产品包装插图设计。产品包装也分外包装设计和内包装设计，属于实物设计。现在越来越多的产品在包装设计中加入插图取代实拍图片，从而增加趣味性和独特性，尤其是食品、饮料、儿童用品等产品。图 1-29 所示的德国设计师 YEYE Weller 的插图设计就具有强烈的波普艺术感和复古气息，这是啤酒外包装设计，插图生动活泼，带有手绘风格。

图　1-29

4）海报设计

海报设计最原始的功能是满足海报宣传的需求。海报常常出现在大型电影节、艺术展览、音乐会、公益项目中。海报的设计形式需结合活动主题表现视觉创意，以便让参与者展开联想或思考，从而达到宣传的目的。图 1-30（a）为 2017 年由中国台湾设计师方序中以王家卫的电影《春光乍泄》为灵感设计的当年台湾金马奖的视觉设计主题海报；图 1-30（b）为 2018 年方序中以李安、侯孝贤、巩俐、小野四位电影人的脸庞轮廓为背景制作的海报，该海报通过捕捉光与影，表达了电影人共同协作的精神。

(a)

(b)

图　1-30

5）商业推广营销设计

当进行商业推广插图设计时，其设计原则是广告主的广告诉求和创意团队的指导策略，表现的内容应该充分突出广告核心主题并具有视觉冲击力，插图画面常常需要满足推广海报、主视觉画面、活动背景板、户外媒介广告、Web 和移动端应用等多个方面的需求。互联网时代的商业推广活动通常分为线上和线下，在线上平台中的广告插图设计属于交互设计或 UI 设计，设计师需要注意画面的清新靓丽，有较强的立体感，从而让人们对品牌或服务产生好感，并产生购买的欲望。很多互联网品牌还会专门设计品牌吉祥物使品牌更具情感化、拟人化色彩，同时延展周边设计让品牌牢牢扎根于消费者内心。图 1-31 是 2021 年字节跳动公司为庆祝公司创立 9 周年所设计的系列海报。完整的系列海报一共有 27 张，包含了字节跳动公司开发的各个品类 App 程序形象推广主题，每张海报的设计形式一致，但是设计元素包括了矢量图形、数字插图、位图合成、三维模型等。例如，图 1-31 中展示的海报画面应用了矢量图形的设计语言，将"字节跳动公司""剪映 App""今日头条 App"呈现给用户的形象以创意矢量图形的形式表现，画面生动有趣，具有极强的视觉张力，还有较高的商业推广效果，与目标受众产生了很强的互动性。

图 1-32 为夸克智能浏览器的推广海报。设计时同样采用了矢量图形，并配合有趣的文案设计。系列海报共 3 张，分别用该浏览器产品针对的目标年轻消费群体所感兴趣的"问个没完"主题，分别设计了热量篇、解题篇、溯源篇的创意插图，图形造型简约利落，配色为夸克标准色，显得既简单又深刻。

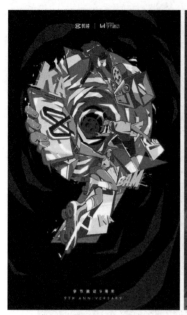

图　1-31

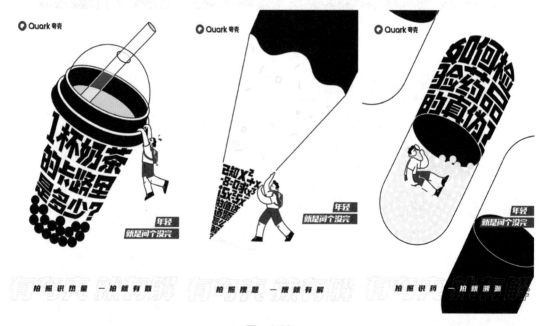

图　1-32

　　由国内著名的设计团队 OnePixel 创意完成的闲鱼 App 推广项目再次运用了矢量插图和文案的形式来进行社交平台的线上商业推广,海报表现的是闲鱼 App 提出的"鱼塘社区概念",这是一个关于交换的社区平台,活动目的是传递不多不少刚刚好的资源交换环境。设计师绘制了 9 组常见的"交换"场景,在场景中设计了略微有点卡通感的人物角色和创意虚拟场景,并配合生动的文案内容。海报看起来十分清新、有趣,并且会让人产生联想与思考,传播效果非常理想,如图 1-33 所示。

图　1-33

6）版面设计

版面设计是指在传统平面媒介、数字显示媒介和城市立体空间中的图形元素和文字信息的编排设计。文字在版面中同样非常重要,在加入插图时常常还需要配合一定量的文字。在 Illustrator 中文字的编排设计功能非常强大,可以用于书籍页面、海报招贴、字体造型、信息图表、Web 网页设计、UI 界面设计等。下面来看一些实例。

图 1-34 为俄罗斯 ABC design 工作室完成的俄罗斯戏剧艺术学院 (Gitis) 宣传册设计。宣传册中介绍了俄罗斯戏剧艺术学院的历史和表演、设计、导演、音乐剧、芭蕾舞、综艺剧、戏剧学习、管理和制作等多个艺术学科的培训信息。版面设计上十分有特色,设计师选择用红和蓝这对互补色来进行图形设计,页面看起来富有"戏剧冲突感",尤其是封面设计中设计师将封面分割成三块页面,并进行切割和镂空工艺处理,配合经典的有衬线和现代的无衬线字体,使得文字效果上体现着古典和现代的氛围。

图　1-34

　　图 1-35 为设计师张岩完成的正反双封面书籍设计。这是一种目前极为流行的简约设计语言。设计师将封底"舍去"，两面皆为封面，从右边阅读，可以看见正向而明亮的内文；从左边阅读，可以看见负面而较暗的内文。该书采用半透明硫酸纸做书衣，内页的底色设计分灰色和白色，而与之匹配的文字编排分为横排和竖排。在书脊处设计了定格动画，以增加读者阅读的趣味性。

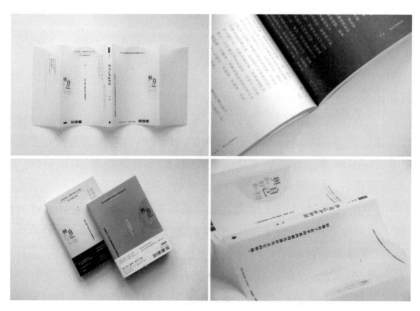

图　1-35

中国设计博物馆出品的《儿童设计思维启发》公共教育成果展活动海报的视觉风格,将活动主题"儿童设计思维启发"字样进行重构创意,力求用新颖的矢量风格和颜色搭配来体现活动主题调性以及内容传导风格,画面颇具视觉张力,同时又有很强的吸引力。正文文字的编排设计也十分严谨精确,与主视觉的衔接过渡柔和而又自然,如图 1-36 所示。(设计师:江航;艺术指导:袁由敏)

图　1-36

7)字体设计

字体设计是矢量设计中相对较难的一种视觉表现内容,需要设计师有较深的西文和中文字体及字形方面的知识,还需要具备深厚的视觉造型基础能力。德国字体设计大师 Erik Spiekermann 曾经说过,字体设计"重要的不是设计黑的部分,而是设计白的部分"。这里的白指的就是负形空间,只有负形空间均衡,才能使观者有舒适的视觉感受,所以应该多研究字形的负形空间。字体设计的目标就是要符合美学原则,因为字体设计不仅是基础信息的传达,更是内含文化的表达,是探索与字体主题紧密相关的外在表现形式,如果将作品设计得过于单调或过于通俗,就失去了设计的意义。感性和理性完美结合,才具备产生完美设计的条件。

日本设计师藤田雅臣 Masaomi Fujita 及其团队完成的招贴设计如图 1-37 所示,可以发现设计师的图形设计思路十分新颖,将画面的重点放在大标题的字体设计上,字形的设计和搭配灵活巧妙,配色主题明确,再加上自然舒适的编排设计和视觉风格柔和的人物插图,整个招贴中的信息主次鲜明,十分便于识别。而藤田雅臣的字体设计风格更有品牌设计的概念,字体的设计中除了对笔画和结构的重构外,还增加了西文字体和插图的配合,使得字体传递出的情感更为浓厚,品牌调性更强,值得借鉴学习。

图　　1-37

设计师吴穆昌完成的字体设计作品展示了较为复杂的矢量图形和文字搭配的创意设计形式。案例中运用了不同字形的笔画拼接及组合成新字的技巧,还巧妙地运用图形来替换相应笔画,从而增加了趣味性。另外,对某些字符结构做了重新处理并配合较为锐利细致的笔画,整体调性突出,富有很强的设计趣味性,如图 1-38 所示。

图 1-38

8）信息图表或信息图形设计

这是一种信息和数据的视觉化表达。信息图表通常利用插图或表格来高效、清晰地传递复杂的信息，信息图表设计也可以看作是数据可视化分析（data analysis）的一个方向。事实上人们只能记住阅读文字的 20%。人类大脑对于图形更容易接受，所以图形更能高效、直观、清晰地传递信息。例如，Henry Hubbard 的元素周期表就是对已知化学元素的可视化呈现，是较早的信息图表设计。另外，意大利设计师 Valerio Pellegrini 是一名专业的信息图表设计师，他的作品展示了多样化的信息图表设计形式，有时间表述的列表型、空间解构分析的图表型、流程导览说明的图解型、区块结构的地图型等，如图 1-39 所示。

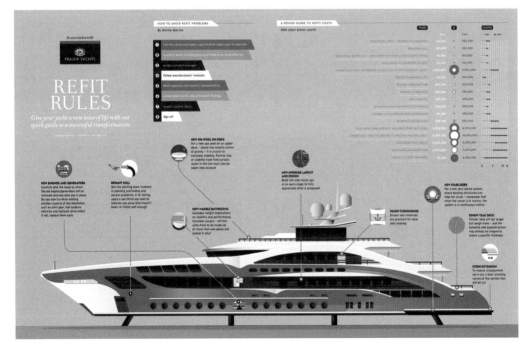

图 1-39

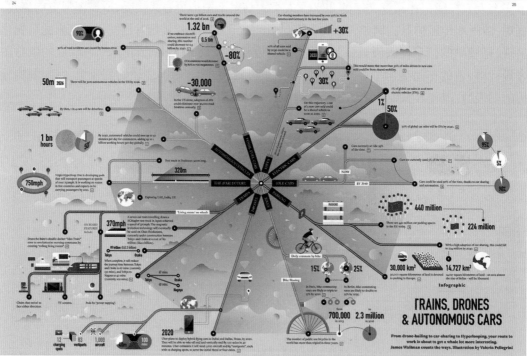

图　1-39（续）

第2章 矢量图形基础

本章将从矢量图形设计的基础知识开始,循序渐进地介绍矢量图设计思路,以及 Adobe Illustrator CC 2018 专业矢量设计软件的新功能,使得同学们能在具体学习软件前对该软件有更多的了解。本书以 Adobe Illustrator CC 2018 版本为例进行讲解,后面将其简称为 AI。

本章要点:

- 了解矢量图形
- 使用 Illustrator 设计矢量图形
- Adobe Illustrator CC 2018 的新功能

2.1 了解矢量图形

1. 矢量图形的特点

(1) 矢量图形可以无限缩放。对矢量图形进行缩放、旋转或变形操作时,图形不会产生锯齿效果。矢量图能放大上万倍而清晰度不受像素的限制。

(2) 矢量图形文件可以很小。矢量图形文件中保存的是路径的二维信息,与分辨率的高低无关,只与图形的复杂程度有关。矢量图形文件所占的存储空间非常小,甚至几千字节大小也可以表现出很复杂的画面。

(3) 支持高分辨率印刷。与位图图像清晰度依赖像素数量的情况不同,矢量图形可以在任何输出设备上以最高分辨率进行打印输出。同时矢量图形也是图形视觉化应用的工业标准,比如,深圳市大疆创新科技有限公司的 Logo 可同时在小型产品外观或大型店铺装潢场景中使用,如图 2-1 所示。

好的矢量图具备几个明显特征,矢量图形的线条与色块过渡顺滑,锚点较少。比如一条曲线,如果有凹凸不平的锚点,那么线条看起来粗糙不平整;或者一个色块上面的颜色有多余色块,这是劣质的矢量图形。以凯迪拉克品牌车标为例,如图 2-2 所示,可以看到矢量图形的制作形式及其优势。这个标志文件是 4 色印刷版本的,看起来很完整,也很有金属质感,并且具有一定的"三维"效果,但其实是使用了 Illustrator 强大的图形绘制工具和颜色设置命令完成的。在软件中将其放大到 1000%,观看细节仍然完美,并没有出现像素颗粒与锯齿效果，体现出矢量图形的优势。将矢量图片导成位图格式，精度控制在 300ppi，在 RGB 色彩模式下将图片放大到 1000% 检视，已经出现明显的像素颗粒。

图　2-1

图　2-2

2. 矢量图形的常用文件格式

（1）ai。这是 AI 保存的项目源文件格式,用大部分设计软件如 CorelDRAW、Photoshop、Auto CAD、PowerPoint 均能打开、编辑、修改。由于与 Photoshop 同属于 Adobe 公司,Illustrator 文件可以导入到 Photoshop 中并添加为矢量对象后再深入编辑,协同作业能力很强。ai 格式同样支持众多三维软件,如 Autodesk Maya、Maxon CINEMA 4D 等。

（2）cdr。这是 CorelDRAW 软件的源文件格式,是所有 CorelDRAW 应用程序中均能够使用的一种图形图像文件格式。CorelDRAW 输出的图片颜色没有 Illustrator 准确,因此越来越多的设计师选择 Illustrator 作为主要矢量编辑软件。新版本的 Illustrator 也支持打开和导出转码的 cdr 格式,而 CorelDRAW 用户也能打开 Illustrator 格式的文件。

（3）dwg。这是 AutoCAD 中使用的一种源文件格式,在使用 Illustrator 的过程中经常会遇见 dwg 格式的项目文件需要打开和制作,例如进行房地产楼书设计、环境空间设计、效果图制作等。

（4）eps（Encapsulated PostScript）。这是用 PostScript 语言描述的一种 ASCII（美国信息交换标准代码）图形文件格式,可以在 Illustrator 和 Photoshop 之间交换使用,是目前桌面印刷系统普遍使用的通用交换格式当中的一种综合格式。EPS 文件格式又被称为带有预视图像的 Photoshop 格式,它是由一个 PostScript 语言的文本文件和一个（可选）低分辨率的由 PICT 或 TIFF 格式描述的图像组成。EPS 文件最高能表示 32 位图形图像。该格式分为 Photoshop EPS 格式（Adobe Illustrator EPS）和标准 EPS 格式,其中标准 EPS 格式又可分为图形格式和图像格式。值得注意的是,在 Photoshop 中只能打开图像格式的 EPS 文件。

（5）ico（Icon file）。这是 Windows 的图标文件格式,也是一种矢量格式。

（6）svg。英文全称为 Scalable Vector Graphics,意思为可缩放的矢量图形。它是基于 XML（Extensible Markup Language）开发的,用来描述二维矢量及矢量/栅格图形。严格来说应该是一种开放标准的矢量图形语言,可让用户设计高分辨率的 Web 图形页面。用户可以直接用代码来描绘图像,可以用任何文字处理工具打开 SVG 图像,通过改变部分代码来使图像具有交互功能,并可以随时插入到 HTML 中通过浏览器来观看。SVG 提供了 3 种类型的图形对象:矢量图形（vector graphic shape,例如由直线和曲线组成的路径）、图像（image）、文本（text）。图形对象还可进行分组、添加样式、变换、组合等操作,其他操作包括嵌套变换（nested transformations）、剪切路径（clipping paths）、alpha 蒙板（alpha masks）、滤镜效果（filter effects）、模板对象（template objects）和其他扩展（extensibility）。SVG 格式的优势在于 SVG 图形是可交互和动态的,可以在 SVG 文件中嵌入动画元素或通过脚本来定义动画。它提供了目前网络上流行的 GIF 和 JPEG 格式无法具备的优势:可以任意放大图形显示;可在 SVG 图像中保留可编辑和可搜寻的状态;SVG 文件比 JPEG 和 GIF 格式的文件要小很多,且压缩性更强,因此 SVG 格式的发展将会为 Web 提供新的图像标准。与其他图像格式相比,使用 SVG 可被非常多的工具读取和修改（如记事本）,SVG 图像可在任何分辨率下被高质量地打印,也可在图像质量不下降的情况下被放大;SVG 图像中的文本是可选的,同时也是可搜索的（很适合制作地图）;SVG 格式可以与 JavaScript 技术一起运行;SVG 是一种开源格式。

2.2　使用 Illustrator 设计矢量图形

Illustrator 是目前行业中最标准的矢量绘图软件，其最大特点就是基本靠钢笔工具和几何图形工具来绘制路径，这些路径组共同组成了图形，如图 2-3 所示，这也是插图、标志、花纹、图案等矢量元素的基础。矢量图形有多种上色方法，其中渐变色和色彩透明度的调节可以在对象上与渐变批注者直接交互，控制渐变和渐变网格中各个颜色的透明度，使得软件能够实现复杂的色彩效果，曾经非常流行的"拟物化"设计风格几乎都是使用 Illustrator 强大的渐变色工具来完成的，如图 2-4 所示。Illustrator 可控制描边的宽度变量，可自定义多种艺术画笔类型，使得插图风格可以十分多变且富有创意，如图 2-5 所示（王忻绘制）。可在外观面板中直接添加多种效果属性，类似 Photoshop 中的图层样式命令，在修改某些效果参数时可以十分便捷灵活。如图 2-6 所示，字体的颜色、描边宽度、描边风格、厚度效果等都可以实时调节，无须逆向编辑。

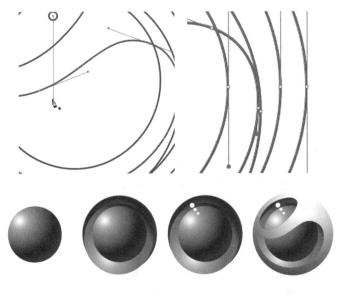

图　2-3

图　2-4

 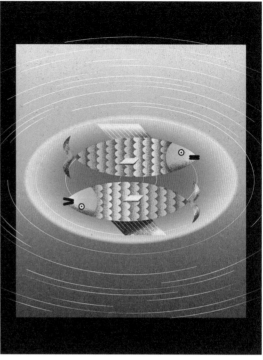

图　2-5

图　2-6

更重要的是，Illustrator 软件可以创建专业的 Adobe PDF 文件。使用 Illustrator 创建的 PDF 文件支持多页面，包含丰富图形和文字效果，并保留图层编辑功能和印刷行业标准制作配置等。无论是专业视觉设计师还是艺术类、传媒类从业者，都可以用 Illustrator 来创建和编辑 PDF 文件。版式设计方面，借助对段落和字符样式的专业控制、对 OpenType 的支持和透明效果等，可以为几乎任何媒体设计出精彩的文本页面。新版软件还支持三维透视辅助，在 1 点、2 点或 3 点直线透视中使用透视网格绘制形状和场景，创造出真实的景深和距离感。该功能使得设计师有了在平面软件内绘制三维效果的平面元素的可能，广泛应用在场景绘制、包装效果图等工作中。如图 2-7 所示为杭州重墨堂设计的茶叶礼盒效果图。

在项目文件中最多可以处理 1000 个不同大小的画板，同时可以为每块画板命名以方便管理。用绘图增强功能可以在某个对象背后绘图，这个功能在复杂堆叠图层中十分实用。更重要的是，Illustrator（以下简称 AI）能与其他 Adobe 公司的专业软件顺畅地协同作业和共享文件，从而轻松创建出用途广泛的视觉内容。

图　2-7

2.3　Adobe Illustrator CC 2018 的新功能

下面来了解一下 Adobe Illustrator CC 2018 的几个重要新功能。如图 2-8 所示为软件启动时的界面。

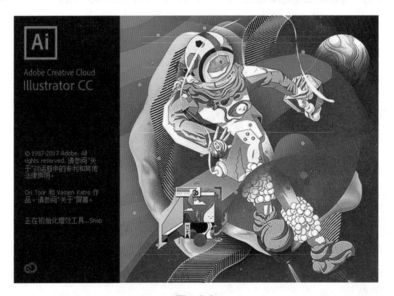

图　2-8

1. 支持导入多页 Adobe PDF 文件

在 2018 版本的 AI 软件中，可以打开多页面的 Adobe PDF 文件，旧版的软件中只能选择打开其中一页。当打开一个多页面 Adobe PDF 文件后，可以利用【导入 PDF 选项】对话框导入单个页面、多个页面或所有页面到 AI 文档中，同时也可以将导入的页面作为链接文件使用。在进行导入操作时，还可以查看对话框中的页面缩略图来选择想导入的页面，如图 2-9 所示。

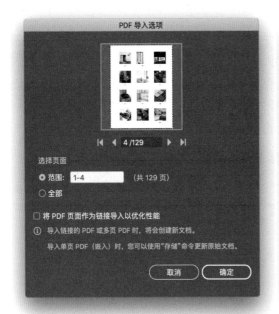

图 2-9

2. 支持调整锚点、手柄和显示定界框的大小

在使用高分辨率显示器绘图,或图稿内对象较多且较为复杂时,对象的锚点、手柄和定界框显示的大小可以适当增大,使其更清晰可见和更易操作控制,该功能在软件的【首选项】菜单中。在菜单栏中选择【编辑】→【首选项】命令,选择【锚点、手柄和定界框显示】调节参数,还可以选择手柄显示效果为空心或实心,如图 2-10 所示。

图 2-10

3. 新的【属性】面板

新的【属性】面板也可以叫作"动态"【属性】面板。之所以叫"动态",是因为新的【属性】面板可以根据当前的操作或工作流程查看相关设置和控件,也就是说新的【属性】面板会根据当前操作的内容实时改变调节窗口,而不是像旧版软件中那样固定不变,这样的设计考虑到了使用的便利性,在需要时可随时调出控件来调节。如图 2-11 所示,当选择一个对象和未选择对象时的两种【属性】面板显示状态,会根据当前选择的对象或操作变化。

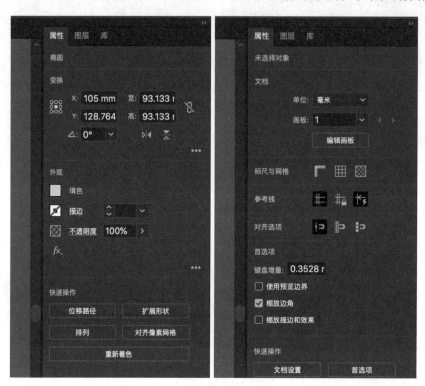

图　2-11

4. 【操控变形】工具

【操控变形】工具可以在对象上设定多处"关节"点,可以根据这些"关节"点来旋转和扭曲图稿的某些部分,使变换看起来更自然。可以添加、移动和旋转"关节"点,以便将插图平滑地变换到不同的位置以及变换成不同的姿势。此功能在制作动态插图或动画角色设计时非常实用和便捷,如图 2-12 所示。

5. 画板功能得到增强

画板功能得到了增强,使用起来更为简单。现在每个文档中支持创建 1 ~ 1000 个画板。按住 Shift 键并单击画板,可以选择多个画板;按住 Shift 键并拖动光标,可以框选多个画板;按下 Ctrl+A 组合键可选择所有画板。现在软件支持使用【对齐】面板或【控制】面板中的【对齐】命令来对齐选定的画板,这样就可以让画板能够根据需要横向或竖向快速对齐,如图 2-13 所示。

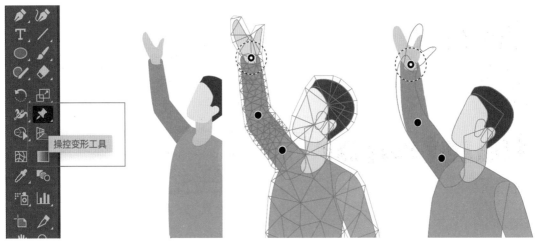

图 2-12

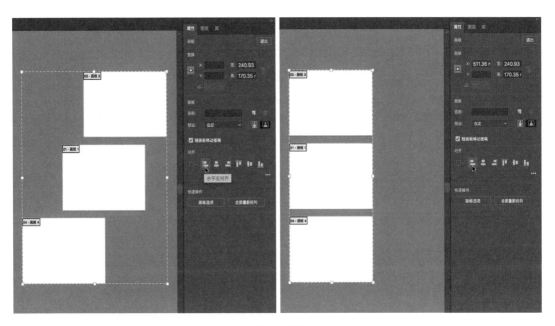

图 2-13

6. 变量字体、OpenType SVG 字体和 Emoji 字体

（1）变量字体（variable font）。这是一种新型字体格式。2016 年 9 月，由 Adobe、Apple、Google、Microsoft 4 家公司联合发布了变量字体的规格 OpenType v1.8。变量字体可以变化出各种不同的字重、字宽或笔画形状。AI 现在支持使用变量字体，支持对粗细、宽度、倾斜度和视觉大小等属性进行设定。软件中附带有多个英文变量字体，如图 2-14 所示。新版软件中预装了英文变量字体 Myriad Variable Concept。如果选择了一款变量字体，即可使用便捷的变量字体滑块控件调整这些变量字体的粗细、宽度和倾斜度。在字体列表中，字体名称尾部有图标 VAR 的字体即为变量字体。文鼎晶熙黑体是全球第一套支持可变字体格式的中文字体，如图 2-15 所示。

图　2-14

文鼎晶熙黑體
Arphic UD JingXi Hei Variable Font
文鼎晶熙黑体

图　2-15

（2）OpenType SVG 字体。这是一种新型的字形中提供了多种颜色并可缩放的矢量图形字体格式。SVG 字体也称为"彩色字体"，可以嵌入颜色渐变和样式效果到字符中，而传统字体不包含任何嵌入的颜色信息。SVG 字体以矢量或位图格式绘制，对于需要扩展到较大尺寸的图形设计，矢量几乎总是最佳的选择。大多数位图形状都可以放大到一定程度，但是超过特定点可能会造成一些质量损失。SVG 字体特别适合需要强调显示的标牌、徽标、标题、书的封面、专辑封面、海报、产品包装、大胆的服装设计，以及需要突出字母显示的其他任何项目。如图 2-16 所示为 OpenType SVG 字体。

图　2-16

使用 OpenType SVG 字体时，可以使用【字符】面板选择和查看字形，如图 2-17 所示。

图 2-17

（3）使用 Emoji 字体。可以在文档中使用这种图形化的字符，例如表情符号、生活标志、特殊符号等，如图 2-18 所示。

图 2-18

第3章　Illustrator中图形的绘制

本章将从 AI 的工作区配置、新建文档、储存文档、菜单面板功能及应用技巧方面开始讲解。

由于 Adobe Creative Cloud 系列软件的工作区外观很相似，因此掌握该内容，可以在各应用程序之间轻松切换，也能快速调整操作方法。本书将使用 Windows 操作系统下的软件版本进行讲解，涉及的快捷键将通用 Windows 下的默认设置。

本章要点：

- 配置工作区
- 新建文档技巧
- 存储文档技巧
- 了解工具面板
- 了解画板功能

3.1　配置工作区

一个合适、高效的工作环境是学习软件操作的第一步。打开软件后，首先可以在菜单栏中选择【编辑】→【首选项】命令，并在【用户界面】页面中设置界面亮度，当环境光非常昏暗时可以选择较暗的亮度，一般情况选择默认值，如图 3-1 所示。

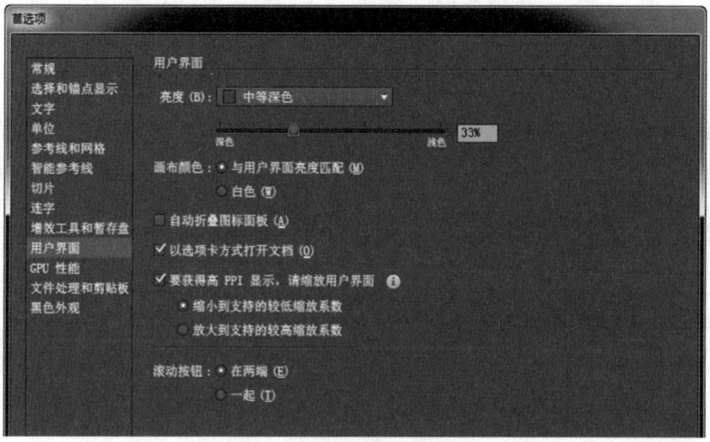

图 3-1

软件界面左侧为【工具】面板,包含用于创建和编辑图像、图稿、页面元素等的操作工具,同类工具将分组摆放;界面顶部为【菜单】栏,下方为【控制】面板,右侧为【调节】面板,中间暗灰色区域为工作区域。文档窗口显示正在处理的文档,同时还支持文档的分组排列和独立停靠。面板同样可进行自定义编组、独立停靠。可以设置一种或几种常用的工作状态界面来进行个性化的工作区选择,如图 3-2 所示。

图　3-2

也可以从菜单栏中选择【窗口】→【工作区】命令,再从中选择一种工作区面板的显示方式。一般情况下可以使用默认设置。各种工作区的编辑功能排列会有所不同,可以根据需求来选择,每一种工作区预设对工作内容有针对性调整,如图 3-3 所示。例如,需要进行排版工作,就选择【版面】选项。

如图 3-4 所示,也可以创建自己的工作区来调整 AI 的面板并以适合自己的工作方式显示。先去掉不需要的工作区面板,方法是:选择不需要的面板→按住鼠标左键→往外拖曳(此操作也可分离需要频繁使用的面板)→单击右上角的【关闭】按钮;也可直接右击面板名称→单击【关闭】按钮。同理,可用鼠标左键按住面板名称拖曳至新面板中进行合并。合并面板操作可以去掉不常用的面板,让界面更简洁清晰,以提高工作效率。也可解除面板停靠:直接用鼠

图　3-3

标左键按住面板上方深色区域进行拖曳，如图 3-5 所示。重新设定好工作区后，选择【新建工作区】并输入名称，AI 会导入软件当前的工作区配置，下次启动软件时将显示设定好的工作区。

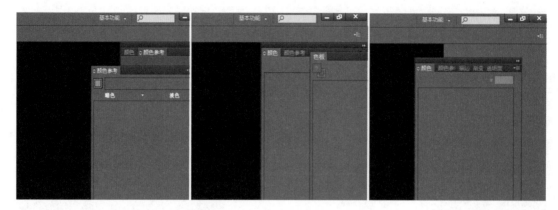

图　3-4

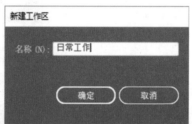

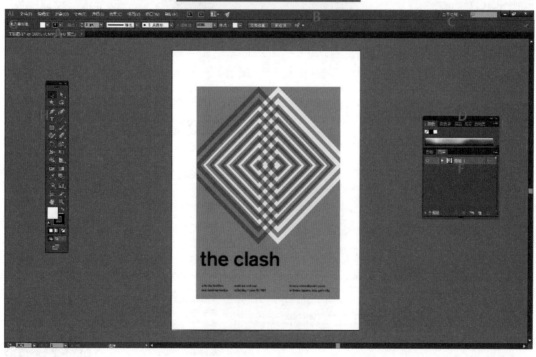

图　3-5

3.2　新建文档技巧

1. 新建文档的方法

（1）在菜单栏中选择【文件】→【新建】命令，可以新建一个文档（快捷键 Ctrl+N），如图 3-6 所示。

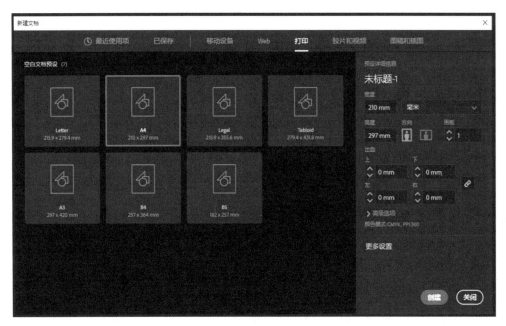

图　3-6

（2）可以右击某个打开文档的选项卡，然后从快捷菜单中选择【新建文档】命令，如图 3-7 所示。

（3）可选择【文件】→【从模板新建】命令，通过模板新建文档。软件预制了几组常用设计项目的模板，可以按照项目类型选择使用，如图 3-8 所示。

图　3-7　　　　　　　　　　　　　　　图　3-8

2. 设置画板

在【新建文档】对话框右侧可以设置画板的宽度和高度。需要输出制作的文档一般使用毫米作为单位，而在显示屏上显示的文档一般使用像素作为单位。画板的方向可以选择竖向或者横向，可以在一个文档中设置多块画板。

创建多块画板的方法和技巧如下。

（1）在【更多设置】区域的【画板数量】栏中输入 5，可激活右侧不同排列方式的选择按钮。

（2）接着指定画板的大小，设定每块画板的宽度和高度，从弹出菜单中选择单位。例如设定 5 块画板的宽为 210，高为 297，单位为毫米（mm），再选择纵向排列，便可以在一个文档内得到 5 块画板。

（3）要快速定位某一块画板，可以找到工作区左下方的画板导航栏，几个按钮分别代表选择上一块、下一块、首块和末块画板。

在版面设计中需要反复在多个页面中编辑、参照和对比，学会快速定位画板的操作能提高工作效率，如图 3-9 所示。

图 3-9

3. 设置 "出血"

在【新建文档】对话框中可以设置画板的出血参数。

出血（也叫裁切线）是指在设计时故意在画面边缘留出多余的图像位置，目的是在进行裁切或其他装帧操作时不留下白边。印刷边缘位置的图像要向外延伸，设计尺寸比成品尺寸稍大一些，这样即使裁切不准也不会留白。例如，制作一张成品为 210×285mm（16 开）的小海报，在软件中的画板尺寸也是 210×285mm，结果成品被印刷、裁切后，可能和预期效果不太一样，有可能边缘露白边了。这是因为印刷厂的裁切机在裁切时很难做到精准，有可能还会把设计内容给裁掉。如图 3-10 所示为设置了 3mm 的出血位，需要向外延伸一部分画面内容，使得出血位有图像填充，裁切时不会有白边，保证成品与设计稿一致。设定过出血位的稿件需告知输出部门相应的出血数据和成品尺寸，也可在软件中标注说明。

图   3-10

出血尺寸不是固定的，小于 A4 尺寸的小型物料，如名片、消费卡券、会员卡等，可以出血 1mm；偏大一些的宣传单、折页、海报、画册、手提袋、封套、挂历、台历需出血 3mm；再大一些的户外喷绘海报则需要设置更大的出血值，具体需要根据海报的展示方式和装配方式来选择参数，比如户外立式桁架喷绘背景板，需要设置 200mm 左右的出血。出血量的多少也与物料印制工艺的复杂程度、印刷厂的技术、设备的好坏、物料制作成本因素等有关。

如图 3-11 所示，在进行手册、书籍等物料印制时，出血的概念十分重要。在版面设计时，应知道裁切线之外的位置都有可能被裁掉，所以重要的内容应该设计在出血线（裁切线）内并与其保持一定距离；满版图片或跨页图片位置应超过出血线覆盖到出血位，防止裁切时出现白边。

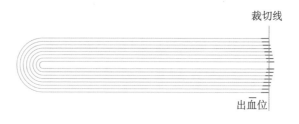

图   3-11

4. 设置颜色模式

在【新建文档】对话框中的【更多设置】区域可以看到【颜色模式】等选项。文档的颜色模式有 RGB 或 CMYK。更改颜色模式会将选定的新文档配置文件的默认内容（色板、画笔、符号、图形样式）转换为新的颜色模式，从而导致颜色发生变化。在平时的设计项目中，设计成品为印刷品则选择"CMYK 模式"；打印文档、网页、电子文档，则可以选择"RGB模式"。

📑 提示：

CMYK 是印刷中要使用的颜色模式，也可叫四色印刷模式，C（Cyan）代表青色，M（Magenta）代表洋红，Y（Yellow）代表黄色，K（Black）代表黑色，印刷时采用这四种颜色。一般设计稿基于数字化，画面颜色数有成千上万，印刷前需先将原稿进行分版，分成青色、品红、黄色、黑色四色色板，然后印刷时再进行颜色的合成，称为套印。用这样的方法可以印制出千上万种的颜色，色料混合越多，光度会越低，这种模式为减色混合，如图 3-12 所示。

图 3-12

印刷成品的颜色要比屏幕显得灰暗，在设计的过程中经常需要转换色彩模式，例如RGB 转换成 CMYK，转换后颜色则会显得"暗淡"了许多。比如在 CMYK 色彩模式下要表现 G 为 255 的绿色，看起来就比较"暗淡"，如图 3-13 所示。但用于在显示设备上观看的电子文稿，则可以选择 RGB 色彩模式进行工作，而且应该尽量使用 Adobe RGB 模式来采集影像，Windows 系统默认的色彩模式是 sRGB，也是大部分数字设备的默认色彩模式，Adobe RGB 模式的色域比 CMYK 要宽广很多，比如将支持 Adobe RGB 模式的相机、扫描仪等影像采集设备调节成该模式进行工作。

通过国际照明委员会（CIE）制作的 CIE 1931 XYZ 色彩空间表可得出如下结论：CMYK 的色域最窄，sRGB 次之，Adobe RGB 的色域较高，ProPhoto RGB 的色域最高，如图 3-14 所示。

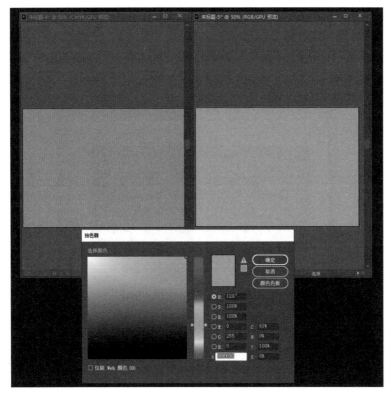

图　3-13

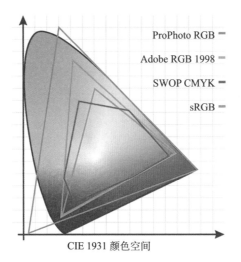

图　3-14

📌 **注意**：

ProPhoto RGB 是柯达公司开发的一种色彩空间，专为摄影输出而开发设计。相比 sRGB 色彩空间，该色彩空间所提供的色域非常宽广。ProPhoto RGB 是 Camera Raw 的默认颜色空间，在 Photoshop 中将颜色空间设置为 ProPhoto RGB，并选用 16bit 模式，即可用于专业的照片编辑工作。

黑色也有一些使用技巧。与灰色一样，黑色可以偏暖，也可以偏冷，许多设计师喜欢用大面积的黑色来设计，当 K 为 100 时呈现纯黑色，但是这种黑色看起来没有质感，不是太"黑"，有一种配色方案（C60，M40，Y40，K100）比起 K 为 100 的纯黑色，这种数值方案更"黑"、更有质感，如图 3-15 所示。

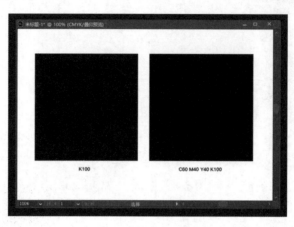

图　3-15

CMYK 中的 Black 值用 K 而不用 B 来表示，是因为 RGB 中的 B 代表 Blue（蓝色），这样可以避免因重复而令人产生误解。

可以经常在软件中通过练习来记忆 CMYK 色彩色值，基本掌握以后，设计时就能大概估计出某个颜色的色值，这样也会大大增强设计能力并提高工作效率。

5. 设置光栅效果

光栅效果是将矢量图形生成像素（而非矢量数据）的效果，这里指文档中栅格效果的分辨率。准备以较高分辨率将图像输出到高端打印机时，应将此选项设置为 300ppi。默认情况下打印配置文件会将此选项设置为高分辨率。如图 3-16 所示为光栅效果选项。

图　3-16

6. 设置预览模式

【预览模式】用来设置文档的默认预览模式，如图 3-17 所示。在矢量视图中以完全色彩显示在文档中的图片，放大 / 缩小时将保持曲线的平滑度。其中，"像素"选项用于显示具有栅格化（像素化）外观的图片，它不会实际对内容进行栅格化，而是显示预览效果；"叠印"选项用于提供"油墨预览"功能，它模拟混合、透明和叠印在分色输出中的显示效果。可以在设计过程中随时使用【视图】菜单栏来更改预览模式。

图　3-17

　📑 提示：

印刷时经常涉及纸张，下面对相关概念进行介绍。

（1）纸张的开本。"开本"是印刷行业中专门用于表示纸张幅面大小的行业用语。正确理解"开本"的含义、相关因素和表示方式,对于平面设计师来说是相当重要的。"开本"的意思是用全开纸张裁切成多少等份,表示纸张幅面的大小。

纸张生产部门按国家标准规定生产的纸张称作全开纸,目的是用来提供给大幅面的平板印刷机使用。全开纸通常有以下固定的尺寸。

① 正度(国内标准)全开纸:787×1092mm(多用于书刊)。

② 大度(国际标准)全开纸:889×1194mm(多用于海报、彩页、画册)。

(2)常规开本的切法。一般采用"几何级开切法"裁切而成,即将全开纸规整地反复按"二等份"原则开切,如图 3-18 所示。常规开本的显著特点是开数变化成几何级数,分别是 2^n 次方。比如将全开纸按"二等份"开切一次,则为 2 开(一般习惯称"对开")的开本;开切 2 次,则为 4 开的开本;开切 3 次,则为 8 开的开本;以此类推,就有 16 开、32 开、64 开等多种开本。成品书刊的开数规整且尺寸有一定规则,因为只要全开纸的规格相同,这样纸张利用率为 100%,而且便于用机器折页,所以书刊采用常规开本最经济合算,且流程简便的方式。

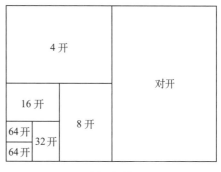

图　3-18

表 3-1 为纸张开本尺寸表,表 3-2 为国际标准纸张尺寸 A 系列和 B 系列的尺寸表。

表 3-1　纸张开本尺寸表　　　　　　　　　　　　单位:mm

开数	大度纸	正度纸
16 开	210×285	185×260
8 开	285×420	260×370
4 开	420×570	370×540
2 开	570×840	540×740
全开	889×1194	787×1092

表 3-2　国际标准纸张尺寸 A 系列和 B 系列尺寸表　　　　　　单位:mm

国际标准纸张尺寸 A 系列	国际标准纸张尺寸 B 系列
A0:841×1189	B0:1000×1414
A1:594×841	B1:707×1000
A2:420×594	B2:500×707
A3:297×420	B3:353×500
A4:210×297	B4:250×353
A5:148×210	B5:176×250
A6:105×148	B6:125×176
A7:74×105	B7:88×125
A8:52×74	B8:62×88

下面说明如何利用开本信息测算出血值。

例如，在图书版权页上找到开本信息。

开本：787×1092mm

印张：10

测算方法如下：一共用了 10 张全开正度纸，16 开常规开本。测得成品数尺寸为 186×260mm，186mm×4=744mm，787mm−744mm=43mm，43mm/8=5.3mm，所以该书的出血设置要大于 3mm。

（3）印刷纸张。纸张的选择是设计过程中需要考虑在内的部分，纸张的厚度、纹理、颜色均会影响到设计图像给人传达的感受。纸张以克（g）或克每平方米（g/m²）为单位计算。

不同质地的纸张表面会影响印刷油墨的亮度，粗面纸会吸附表面的油墨，基本没有反射光泽。粗面纸大多用于打印文字文本，例如报纸、书籍等，便于人们阅读。

油墨印刷在光面纸上会停留在表面，因此当更多的光线照在字体下的纸张上时，光线会反射，颜色会更深更强烈，这种纸张适合书籍封面、杂志、宣传册和外包装等。蜡光纸是介于粗面和光面之间的纸张，油墨在蜡光纸上的颜色没有光面纸那么强烈，表面的光泽度较弱。

表 3-3 列出了常见的纸张克数与用途。

表 3-3   常见的纸张克数与用途

纸张类型	重量 / g	用途
拷贝纸	17 ~ 20	一般用于礼品或食品内包装，多为纯白色
打字纸	20 ~ 25	用于联单、表格，有多种颜色
有光纸	35 ~ 40	一种薄型纸，纸的一面平滑光亮，一面粗糙，多用作办公用纸，如信笺、稿纸、便条、练习本内页等
书写纸	50 ~ 100	用于低档印刷品，以国产纸居多
双胶纸	60 ~ 180	用于中档印刷品
新闻纸	55 ~ 60	滚筒纸，多用于报纸
铜版纸	80 ~ 400	用于高档印刷品、纸盒、手提袋、杂志封面与内页等
亚粉纸	105 ~ 400	低反光，多用于高档画册内页，风格典雅精致
白卡纸	200	双面白，用于中档包装类
牛皮纸	60 ~ 200	用于包装、纸箱、文件袋、档案袋、信封等
特种纸	20 ~ 400	一般以进口纸常见，主要用于封面、装饰品、工艺品、精品等印刷物料

3.3   存储文档技巧

1. 文档格式

当要存储源文件时，在菜单栏中选择【文件】→【存储为】命令即可。我们通常可以将文档存储为四种基本文件格式：AI、EPS、PDF 和 SVG。这四种格式可以保留所有

Illustrator 编辑数据,其中 PDF 和 SVG 格式在储存时必须选择【保留 Illustrator 编辑功能】选项来保留所有 Illustrator 编辑数据。

AI 格式:这是 Illustrator 标准的源文件格式,它可以直接导入到 Adobe Photoshop 中自动转换成位图图像,使用时灵活、方便,文件占用空间较小,彩色精确度及稳定性也十分高,因此被广泛应用于印刷排版制作中。

EPS 格式:EPS(封装的 PostScript 格式)格式是专业出版与打印行业使用的格式。在不同的软件中打开内容不会发生改变。EPS 格式可以保留 Illustrator 编辑数据,可以在 Illustrator 中编辑 EPS 文件。因为 EPS 文件是基于 PostScript 语言,所以它们可以同时包含矢量和位图图像。EPS 格式还包含多个画板信息,并支持将各个画板存储为单独的文件。

PDF 格式:PDF(Portable Document Format 的简称,意为"便携式文档格式")格式可以将文字、颜色及独立于设备和分辨率的图形图像等封装在一个文件中。该格式还可以包含超文本链接、声音和动态影像等电子信息,支持特长文件,集成度和安全可靠性都较高。Adobe 公司设计 PDF 文件格式的目的是支持跨平台上多媒体集成环境的信息出版和发布,尤其是提供对网络信息发布的支持,因此 PDF 文件不管是在 Windows、UNIX 还是 Mac OS 操作系统中都是通用的。这一特点使它成为在 Internet 上进行电子文档发行和数字化信息传播的理想文档格式。越来越多的电子图书、产品说明、公司文告、网络资料、电子邮件开始使用 PDF 格式文件。目前 PDF 文件也是行业中较为通用的印刷格式。

SVG(可放缩的矢量图形)格式:这是 W3C(World Wide Web ConSortium,国际互联网标准组织)制定的一种新的二维矢量图形格式,也是网络矢量图形标准。SVG 格式支持任意缩放,用户可以任意缩放图像显示而不会破坏图像的清晰度、细节等。SVG 格式中的文字独立于图像,文字保留可编辑和可搜寻的状态,并且不会再有字体的限制,用户系统即使没有安装某一字体,也会看到和制作时完全相同的画面。SVG 格式相较 GIF 和 JPEG 格式的文件要小很多,下载快速。SVG 格式的显示效果强大,SVG 图像在屏幕上的边缘显示效果清晰,它的清晰度完全适合未来屏幕高分辨率和传统打印的标准分辨率,颜色表现也十分丰富。SVG 格式具有交互能力,由于 SVG 是基于 XML 的,能够支持动态交互图像的制作,即 SVG 图像能对用户动作做出不同响应,如高亮、声效、特效、动画等。

注意:

在储存 AI 格式时,我们还可以在菜单栏中选择【文件】→【储存为】→ Adobe Illustrator (.AI)→【Illustrator 选项】命令来选择兼容的 AI 版本(旧版),如图 3-19 所示。旧版格式不支持当前版本 AI 中的所有功能。因此,如果选择旧版的软件时,某些功能将会失效并且数据也将更改。

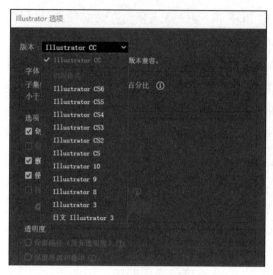

图 3-19

2. 图稿文件类型

在菜单栏中选择【文件】→【导出】→【导出为】命令，即可导出图稿，可用于预览或审稿。常用的图稿文件有 AutoCAD 的 DWG 和 DXF 格式、JPEG 格式、Flash 的 SWF 格式、Photoshop 的 PSD 格式、PNG 格式、TXT 文本格式、TIFF 格式。

（1）DWG 和 DXF 格式：DWG 格式用于存储 AutoCAD 中创建的矢量图形的标准文件。DXF 格式是用于导出 AutoCAD 绘图或从其他应用程序导入绘图的交换格式。DWG 格式的文件不能导入到一些软件中进行编辑，但 DXF 格式的文件可以导入，例如某些数控编程软件。

（2）JPEG 格式：这是一种最为常用的有损压缩照片格式，几乎在所有数字平台上通用。JPEG 图像格式在 Web 上也是显示图像的标准格式，也可以选择【文件】→【导出】→【存储为 Web 和设备所用格式】命令将图像存储为 Web 色彩优化的 JPEG 文件。

（3）SWF 格式：这是基于矢量的用于交互动画的 Web 图形格式。导出为 SWF 格式的图形可以在 Web 设计中使用，并可以在带有 Flash Player 增效工具的浏览器中查看 Flash 图像。也可以使用【存储为 Web 和设备所用格式】命令将图像存储为 SWF 文件。除了用 Flash 格式导出图稿外，还可以复制 Illustrator 图稿并将其粘贴到 Flash 软件中继续编辑使用，还可保留所有路径、描边、渐变、文本（指定 Flash 文本）、蒙版、效果（如文本上的投影）和符号。

（4）PSD 格式：这是标准的 Photoshop 源文件格式。如果图稿中含有不能导出到 Photoshop 格式的信息，Illustrator 可通过合并文档中的图层或栅格化图稿来保留图稿的设计。

（5）PNG 格式：这是可以保留灰度和 RGB 色彩模式的透明度的位图格式，用于位图的无损压缩和 Web 上的图像显示。

（6）文本格式（TXT）：可将插图中的文本导出到文本文件中。

（7）TIFF 格式：这是一种高级且数据量大的图像格式。TIFF 格式图像是一种带有 LZW 无损压缩技术的灵活的位图图像格式，绝大多数绘图、图像编辑和页面排版软件都支持这种格式,是非常重要的图像打印格式,也是大部分桌面扫描仪默认生成的标准位图图像格式。

3.4　了解工具面板

打开 AI 后进入工作区,【工具】面板在屏幕左侧,可以将鼠标指针悬停在工具上面来查看工具的名称。下面分组介绍工具面板中各个工具的名称及功能,如表 3-4 所示。

表 3-4　工具面板工具名称与功能

工　具　组	工　具　名　称	功　　能
选择工具组	选择工具（V）	用于选择对象
	直接选择工具（A）	用于选择锚点、路径、手柄
	编组选择工具（V）	在编组内部选择对象
	魔棒工具（Y）	快速选择多个对象
	套索工具（Q）	快速选择多个锚点与路径
文字工具组	文字工具（T）	输入基础文字
	区域文字工具	输入文本框文字
	路径文字工具	沿路径进行文字输入
	直排文字工具	输入竖向文字
	直排区域文字工具	输入竖向文本框文字
	直排路径文字工具	沿路径输入竖向文字
	修饰文字工具（Shift+T）	编辑未转曲的文字
整型工具组	旋转工具（R）	旋转对象
	镜像工具（O）	镜像对象
	比例缩放工具（S）	缩放对象
	倾斜工具	倾斜对象
	整形工具	调整对象路径
	宽度工具（Shift+W）	调整描边宽度变量
	变形工具（Shift+R）	液化路径效果
	旋转扭曲工具	扭曲路径效果
	缩拢工具	缩拢路径效果
	膨胀工具	膨胀路径效果
	扇贝工具	扇贝路径效果
	晶格化工具	晶格化路径效果
	褶皱工具	褶皱路径效果
	操控变形工具	创建节点变形路径
	自由变换工具（E）	自由变换对象

续表

工　具　组	工　具　名　称	功　　能
 符号工具组	符号喷枪工具（Shift+S）	符号喷枪笔刷
	符号位移器工具	移动符号
	符号紧缩器工具	紧缩符号
	符号缩放器工具	缩放符号
	符号旋转器工具	旋转符号
	符号着色器工具	为符号上色
	符号滤色器工具	改变符号透明度效果
	符号样式器工具	为符号修改图形样式
 绘制工具组	钢笔工具（P）	用于绘制贝塞尔曲线
	添加锚点工具（+）	在路径上添加锚点
	删除锚点工具（−）	在路径上删除锚点
	锚点工具（Shift+C）	锚点属性转换
	直线段工具（\）	绘制直线
	弧形工具	绘制弧线
	螺旋线工具	绘制螺旋线
	矩形网格工具	绘制矩形网格
	极坐标网格工具	绘制极坐标网格
	矩形工具	绘制矩形
	圆角矩形工具	绘制圆角矩形
	椭圆工具	绘制椭圆
	多边形工具	绘制多边形
	星形工具	绘制星形
	光晕工具	绘制光晕效果
	Shaper 工具（Shift+N）	手势绘制（数位板）
	铅笔工具	绘制自由曲线
	平滑工具	对路径平滑处理
	路径橡皮擦工具	擦除路径
	连接工具	连接路径
	透视网格工具（Shift+P）	透视辅助网格
	透视选区工具（Shift+V）	选择透视区域
	形状生成器工具（Shift+M）	快速重组与分解图形

工 具 组	工 具 名 称	功 能
画图工具	画笔工具（B）	绘制路径
	斑点画笔工具（Shift+B）	绘制复合路径
	网格工具（U）	绘制渐变网格效果
	渐变工具（G）	绘制线性渐变效果
	吸管工具（I）	吸取格式
	度量工具	度量标尺
	实时上色工具（K）	实时上色区域建立与填色
	实时上色选择工具（Shift+L）	实时上色区域选择
图表工具	柱形图工具（J）	绘制柱形图表
	堆积柱形图工具	绘制堆积式柱形图表
	条形图工具	绘制条形图表
	堆积条形图工具	绘制堆积式条形图表
	折线图工具	绘制折线图表
	面积图工具	绘制面积图表
	散点图工具	绘制散点图表
	饼图工具	绘制饼式图表
	雷达图工具	绘制雷达式图表
切片和剪切工具	切片工具（Shift+K）	切分图形
	切片选择工具	选择切片
	橡皮擦工具（Shift+E）	擦除路径
	剪刀工具	剪断路径
	刻刀	自由切割路径
抓手和缩放工具	抓手工具（H）	视图移动工具
	打印拼贴工具	分页打印
	缩放工具（Z）	缩放视图

✎ 技巧：

　　工具栏中有隐藏工具，可以展开某些工具把隐藏在它们下面的工具显示出来。工具图标右下角的小三角形表示存在隐藏的工具，在可见工具上单击并按住鼠标左键，可查看隐藏在该工具下面的工具。同时还可以单击最右侧的小三角来扩展此类工具，有时会频繁使用某一类工具，比如使用钢笔工具绘制曲线，用几何图形工具绘制图形，用文字工具进行字体设计等，如图 3-20 所示。

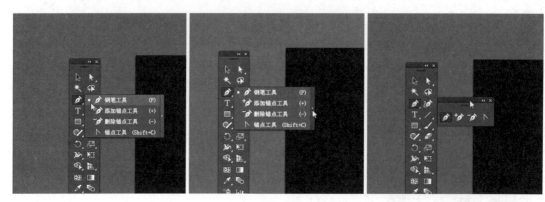

图　3-20

【填充色】和【描边色】工具与 Photoshop 的颜色工具不同,用的是前景色与背景色。左上侧方形代表图形填充色,右下侧方形代表路径描边色,两种颜色也可以互换。单击左下图标可以恢复默认颜色,即用白色填充,用黑色描边。默认图片上显示白色填色,无描边色。下方的三个小方形分别代表颜色属性为实色、渐变色、无色。填充色可以是无色,描边色可以用渐变色,如图 3-21 所示。

【工具】面板底部的三个图标,可将绘图模式从"正常绘图"更改为"背面绘图"或"内部绘图"。正常绘图指的是根据绘图顺序正常堆叠绘制对象;背面绘图将绘制对象放在前景对象后,与正常绘图相反;内部绘图表示新绘制的对象自动剪切在某一对象内部并交叉显示,如图 3-22 所示。

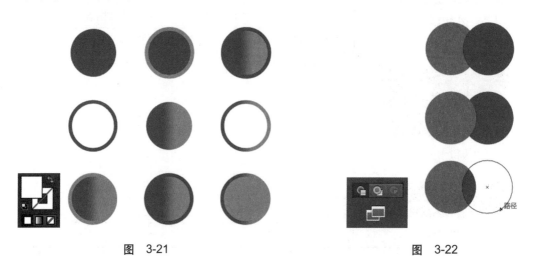

图　3-21　　　　　　　　　　　　　　　　　图　3-22

用【工具】面板最下方的【更改屏幕模式】按钮,可以选择工作区的屏幕显示模式。这个功能非常实用,有时需要暂时隐藏【工具】等面板来获得更大显示工作区,尤其是在绘制复杂的插图时,该功能可以隐藏菜单栏、【工具】面板、操作系统任务栏等不必要的"视觉干扰",并让画板显示最大化,以便更好地利用有限的屏幕空间,在缩放视图观察设计稿时也能更精准。多次按快捷键 F 会在三种模式间切换,还可以配合 Tab 键隐藏【工具】面板。

3.5　了解画板功能

AI 中的画板表示可导出设计图稿的区域,超出画板的区域可以不被导出。画板功能非常重要,创建画板时,可以从新建文档中自定义设置各种大小,也可以从预设尺寸中选取,并设定画板数量。每个文档中最多画板数量为 1000 个,总的数量取决于画板的具体尺寸。在设计的过程中可以随时添加和删除画板。

画板的大小可以不同,可以使用【工具】面板的【画板】工具调整画板大小,如图 3-23 所示。AI 还可以通过【画板】面板、【控制】面板来设置画板的方向或重新排列画板等,并为画板指定名称,同时还可以为画板设置参考点(当【画板】工具处于选定状态时)。

可以使用多个画板来创建多页面,例如,多页面 PDF、App 设计页面、网站的独立元素、视频故事板以及 Adobe Animate 或 After Effects 中的动画元件。

创建画板的方法如下。

(1) 用新建文档功能创建一个新文档,即可创建画板。

(2) 利用工具栏中的【画板】工具,实时在文档中拖动一个区域来创建画板。

如果要使用预设画板,可以双击【画板】工具,在画板的选项对话框中选择一个预设,然后单击【确定】按钮,并拖动画板将其放在所需的位置,如图 3-24 所示。

图 3-23　　　　　　　　　　　　　图 3-24

要复制文档中的画板,选择【画板】工具,单击要复制的画板,然后单击【控制】面板中的【新建画板】按钮。要复制多个画板,需按住 Alt 键并再单击以获得多块画板。要复制带内容的画板,选择【画板】工具,单击【控制】面板中的【移动/复制带画板的图稿】并按住 Alt 键拖动,此时鼠标光标变为"双箭头"。可设置新画板的名称,如图 3-25 所示。

还可以单击右侧的三个按钮来显示画板周围的中心标记、十字线、视频安全区域,帮助用户在精确设计时能得到及时的位置参考,特别是在制作视频时,视频安全区域和十字线非常重要。可以在菜单栏中选择【窗口】→【标尺】中的【显示标尺】或【视频标尺】命令,进一步帮助进行设计,如图 3-26 所示。显示标尺的快捷键为 Ctrl+R。

找到界面右侧的【画板】面板,可以添加、重新排列和删除画板,在多个画板之间进行选择和导航,指定画板选项等,如图 3-27 所示。

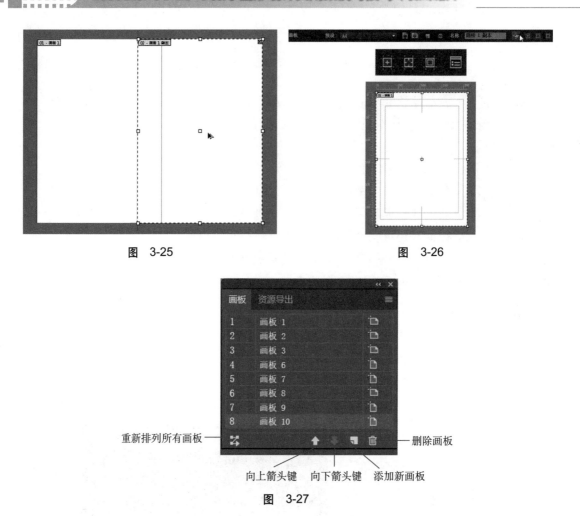

图 3-25   图 3-26

图 3-27

重新排列所有画板 —   — 删除画板

向上箭头键   向下箭头键   添加新画板

图 3-27

1. 存储和导出画板

完成设计时,如果选择保存文件为 .ai 格式,那么所有画板将一起保存；如果要导出位图图像,则需要将画板处于选中状态,在菜单栏中选择【文件】→【导出】命令,选择需要导出的位图图像格式,选中使用画板。如有多块画板,则输入所需画板范围导出。以 JPEG 格式为例,如果要进行印刷前参考,颜色模型需选择 CMYK,否则选择 RGB。按需选择位图品质,一般选择最高；压缩方法默认选择基线标准模式；按需选择分辨率,软件提供的分辨率为 72ppi、150ppi、300ppi,还可以选择【其他】并输入自定义分辨率以适应不同项目需要。默认选择【消除锯齿】选项的【优化文字】模式,最后确认。

2. 导出图像时设置分辨率

分辨率表示将矢量图形转换为像素数量,分辨率越高转换效果越好,也越清晰。显示在屏幕、移动设备,进行网络传播的文件,或只是数码打样预览,可选择 72ppi,以适应不同设备查看；150ppi 较为通用,传播快速,在保证了一定的图像精度的同时,可提供给客户预览整体效果；300ppi 分辨率较高,精确再现了设计物料的品质,满足了大部分成品输出设备要求,比如印刷、打印、微喷机等，300ppi 的分辨率可满足高分辨率的成品要求。

第4章　Illustrator的图形绘制

本章将通过【选择】工具组、【直线】工具组、【矩形】工具组、【铅笔】工具组、【画笔】工具组来讲解如何在 AI 中选择对象和锚点，绘制简单的线段和图形，绘制自由曲线，以及艺术画笔的绘制技巧等内容。

本章要点：

- 选择对象技巧
- 直线工具组与矩形工具组的操作技巧
- 钢笔工具的绘制方法
- 自由曲线的绘制

4.1　选择对象技巧

选择对象常用技巧有以下五种。

（1）在【工具】面板中有两个"光标指针"，这两个工具都是选择工具，但两者的功能却不同。黑色的光标是【选择工具】（快捷键 V），用来选择文档中的所有完整对象（路径、图形、图片、文字等），可选择单个或者多个对象、移动对象、复制对象及进行变换操作（缩放和旋转），如图 4-1 所示。

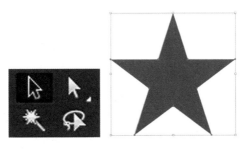

图　4-1

白色的光标是【直接选择工具】（快捷键 A）。在 AI 中，绘制的图形是由路径组成的，而路径又是由一个或多个直线或曲线线段组成。每个线段的起点和终点由锚点标记。路径可以是闭合的，也可以是开放的。通过拖动路径的锚点、方向点（位于在锚点处出现的方向线的末尾）或路径段本身，可以改变路径的形状。

如图 4-2 所示，正方形有 4 个锚点，选择左上方锚点，锚点变为实心（左侧未选中的锚点为空心），选中后拖动鼠标可改变造型，也可直接按 Delete 键删除锚点。【直接选择工具】用来选择绘制的锚点、路径、手柄、圆角控制点，使用【直接选择工具】可调整图形造型，线段长度，可单选和连续点选锚点，也可选择编组对象的内部对象，在日常操作中使用十分频繁。

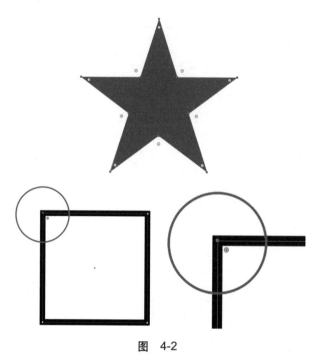

图　4-2

📋 注意：

如图 4-3 所示，路径和锚点都会由特定的颜色显示出来，默认情况下不同的图层显示的颜色不同。可以在【图层】面板选择一个图层，在图示的空白处双击，弹出【图层选项】对话框，可以中选择一种合适的颜色。

图　4-3

某些时候，路径的描边色可能和路径显示色一致或很接近，需要换成对比色才便于观察。图 4-3 中下图左侧的图形路径显示色与描边色为对比色；右侧图形路径显示色与描边色过于接近，需更换颜色。要注意，默认情况下，处于同一图层的图形对象路径显示色相同，如果画面内容复杂，需要不同的路径显示颜色，则需要分层制作；当然也可以手动将两个图层的路径显示色统一设置，希望大家根据不同情况灵活操作。

　　　　　　　　　　　　　图　4-3（续）

　　（2）在使用【工具】面板中任何一个工具时可按住 Ctrl 键，光标变成【选择工具】，可用来快速选中对象。

　　（3）使用【图层】面板选择对象。通过【图层】面板相关功能精确地选择文档中的对象，还可以进行叠放排列对象、显示或隐藏对象等操作，如图 4-4 所示。

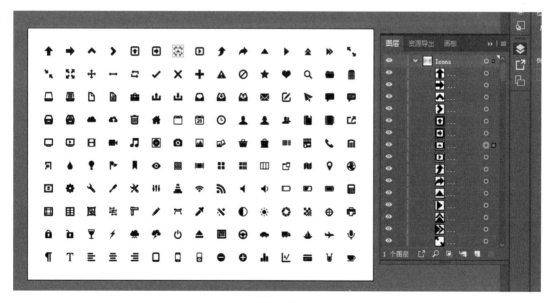

　　　　　　　　　　　　　图　4-4

（4）可以利用【选择】菜单栏【相同】或【对象】级联菜单中的命令并根据特定条件来选择文档中条件类似的对象，这对于需要调整复杂内容和需要全局调整的文档来说十分方便，如图 4-5 所示。

图　4-5

（5）【魔棒】工具和【套索】工具也可以作为选择工具。【魔棒】工具可根据填充颜色等类似条件来选择文档中的对象，与【选择】→【相同】级联菜单中的命令功能相似。双击【魔棒】工具图标，可以调出【魔棒选项】来进一步调整过滤参数。【套索】工具是一种连续选择锚点的选择工具，在面对复杂图形或进行插图设计时，该工具可选择多个局部锚点来进行分区域的路径修改，如图 4-6 所示。

图　4-6

提示：

将多个对象进行编组的操作十分常用。在设计过程中往往会遇到复杂繁多的矢量图形或图片等对象，需要将部分对象进行编组，方便对它们进行同时编辑。选择需要编组的对象后右击，选择【编组】命令（快捷键 Ctrl+G），或选择【取消编组】命令（快捷键 Shift+Ctrl+G）。如要在编组对象的内部编辑，可以双击已选择的编组对象，就可以进入编组"内部"（为隔离模式）或右击并选择【隔离选定的组】命令，修改完成后在文档空白处单击，或单击编组工具栏中向左的箭头按钮来退出内部编辑模式，如图 4-7 所示。

图　4-7

4.2　直线工具组与矩形工具组的操作技巧

1. 锚点的类别

锚点通常分为两类：平滑点和角点。

平滑点连接可以生成平滑的曲线，角点连接可以生成直线和转角曲线。使用角点和平滑点可以任意组合绘制路径。如图 4-8 所示，左侧为角点，右侧为平滑点。

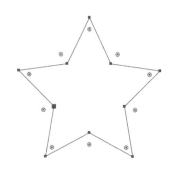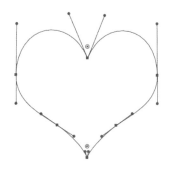

图　4-8

角点可以连接任何两条直线段或曲线段，而平滑点始终连接两条曲线段，平滑点会出现方向线和手柄来控制曲线方向。如图 4-9 所示，①为方向线，②为手柄。当选择连接曲线段的锚点（或选择线段本身）时，连接线段的锚点会显示由方向线构成的方向手柄，方向线的角度和长度决定曲线段的形状和大小，拖动方向手柄将改变曲线形状。

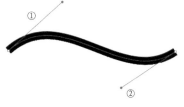

2. 直线工具组

（1）绘制线段：选择【直线段】工具，将光标定位到希望线段开始的地方，然后拖动到希望线段终止的地方，双击即可完成线段的绘制。或者双击【直线段】工具，弹出【直线段】对话框，可设定直线的长度、角度及线段是否填色等，如图 4-10 所示。

图　4-9

（2）绘制弧线：选择【弧线】工具，将光标定位到希望弧线开始的地方，然后拖动到希望弧线终止的地方，双击可完成绘制。或双击该工具图标打开【弧线】对话框，如图 4-11 所示。

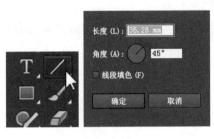

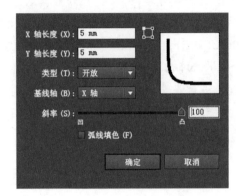

图 4-10　　　　　　　　　　　　　　图 4-11

（3）绘制螺旋线：选择【螺旋线】工具，在绘制区域中单击，打开【螺旋线】对话框，然后设定相关参数，如图 4-12 所示。其中，在段数和半径相同的情况下，【衰减】选项的含义为螺旋线线段变化的幅度大小，数值超过 100 而且越大时（左侧样式），螺旋线变化越剧烈；数值越接近 100 时，螺旋线变化越小；当数值为 100 时，螺旋线变为正圆；当数值小于 100 时，螺旋线变化与数值大于 100 时相反。

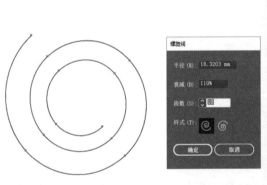

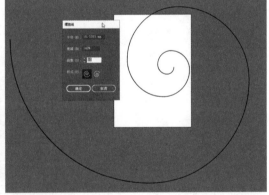

图 4-12

（4）绘制矩形网格：这是 AI 中制作表格、渐变效果的工具。在【工具】面板中选择【矩形网格】工具，在绘制区域中单击，打开【矩形网格工具选项】对话框，然后设定相关参数，生成由众多路径组成的矩形网格。其中，【倾斜】选项的含义为线段往调节的方向靠拢，并不是将线段倾斜，如图 4-13 所示。

（5）绘制极坐标网格：这是 AI 中制作复杂渐变效果的工具。在【工具】面板中选择【极坐标网格】工具，在绘制区域中单击，打开【极坐标网格工具选项】对话框，然后设定相关参数，生成由众多路径组成的极坐标网格。其中，【倾斜】选项的含义为同心圆往内或外靠拢、分割线往上或往下偏移，如图 4-14 所示。

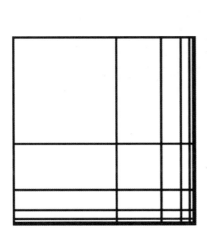

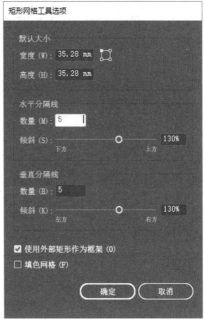

图　4-13

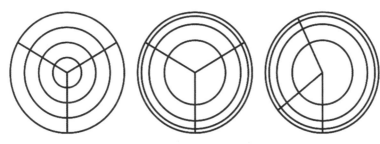

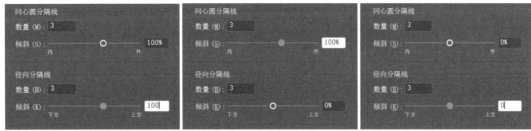

图　4-14

3. 矩形工具组

（1）绘制矩形。选择【矩形】工具，并沿预绘制矩形的对角线方向拖动，直到矩形达到所需大小。或在画板空白处单击，弹出【矩形】对话框，然后设定参数，如图 4-15 所示。单击的位置为新创建的矩形左上角所在的位置。

要绘制正方形，在按住 Shift 键的同时沿预绘制正方形对角线方向拖动鼠标，直到正方形达到所需大小。

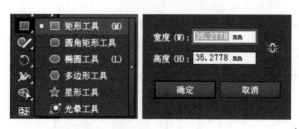

图　4-15

📖 **注意：**

Shift 键为常用快捷键，绘制矩形或圆形时，按住 Shift 键后拖动鼠标会得到正方形和正圆形；画直线时，按住 Shift 键，会直接得到 45° 倍数的直线角度。

（2）绘制圆角矩形。圆角半径决定了矩形圆角的圆度。可以更改所有新矩形的默认半径，也可以在绘制各个矩形时更改它们的半径。在菜单栏及对话框中选择【编辑】→【首选项】→【常规】命令，然后为圆角半径选项输入一个新值；或选择【圆角矩形】工具，在绘制区域中单击，然后为圆角半径选项输入一个值，默认的数值单位是 mm。可以在菜单栏及对话框中选择【编辑】→【首选项】→【常规】→【单位】选项更改单位。

可以在使用【圆角矩形】工具时拖动更改圆角半径，按键盘的向上箭头键或向下箭头键可微调圆度；按向左箭头键，可以在使用【圆角矩形】工具时拖动创建方形矩形；按向右箭头键，可以在使用【圆角矩形】工具时拖动创建正圆。创建好圆角矩形后，要更改圆角圆度时，可以选择 4 个【圆角中心点】的任意一个，往内部拖动圆度更大，往外部拖动圆度更小；或找到顶部工具栏，直接输入数值设置圆角半径，效果如图 4-16 所示。

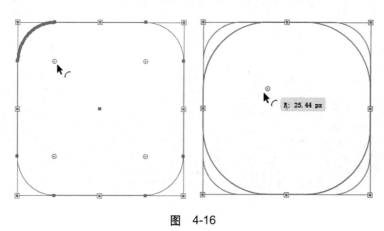

图　4-16

创建圆角矩形后，可在【变换】面板下更改参数，除了基本宽、高数值外，还可以单独更改圆角半径类型和数值。注意，最好选中【缩放圆角】选项，因为在默认取消选中该选项的情况下，对创建的圆角矩形进行缩放变换时，圆角不会被缩放，为了保证设计正确，请选中该选项，以防设计失误，如图 4-17 所示。

（3）创建正圆和椭圆。选择【椭圆】工具，在绘制区域中单击，向预绘制椭圆对角线方向拖动，直到椭圆达到所需大小。单击绘图区域，打开【椭圆】对话框，可设定精确的宽度和高度,然后单击【确定】按钮。要创建正圆形,按住 Shift 键并拖动鼠标。如果按快捷键 Shift+Alt 拖动鼠标,会以圆心为准向外绘制出正圆。

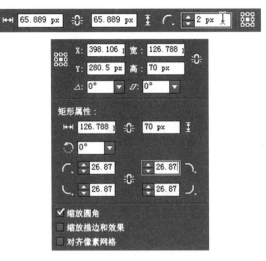

图 4-17

(4) 多边形工具。选择【多边形】工具,按住左键拖动鼠标,直到多边形达到所需大小。拖动弧线中的指针以旋转多边形,按向上箭头键或向下箭头键,以向多边形中添加边或减去边。也可在希望多边形中心所在的位置单击,再设定多边形的半径和边数,然后单击【确定】按钮。还可在【变换】面板调节多边形参数,如图 4-18 所示。

(5) 绘制星形。选择【星形】工具,按住左键拖动鼠标,直到星形达到所需大小。拖动弧线中的指针以旋转星形。按向上箭头键或向下箭头键,可向星形添加点和删除点。

单击希望星形中心所在的位置,在【星形】对话框中可设置参数。用【半径 1】选项指定从星形中心到星形最内点的距离,用【半径 2】选项指定从星形中心到星形最外点的距离,用【角点数】选项指定希望星形具有的点数,如图 4-19 所示。

图 4-18

图 4-19

技巧：

① 在绘制星形时使用向上和向下箭头，可以增加或减少星形中的点数，如图 4-20 所示。

图　4-20

② 用拖动的方式创建星形时，按住 Alt 键，可画出正五角星造型；按住 Ctrl 键并往外或往里拖动，可改变外点半径。

③ 拖动小圆点可使边角变成圆角效果。

（6）绘制光晕。选择【光晕】工具，可以创建类似照片中镜头光晕的效果，如图 4-21 所示。单击放置光晕的中心手柄，然后拖动鼠标设置光晕中心的大小、光晕的大小，并旋转射线角度，在松开鼠标前，按 Shift 键将射线限制在设置角度。按向上或向下箭头键可添加或减去射线。按住 Ctrl 键以保持光晕中心位置不变，当中心、光晕和射线达到所需效果时松开鼠标；再次按下并拖动鼠标可为光晕添加光环，并放置末端手柄。松开鼠标前，按向上或向下箭头键，可添加或减去光环，可按"~"键随机放置光环，当末端手柄达到所需位置时松开鼠标。也可在文档中双击，打开【光晕】对话框，精确设置参数后绘制光晕。可以选中【预览】选项，逐步调整各项参数，观察光晕的变化。光晕工具在有背景对象的情况下一般设置效果较好。

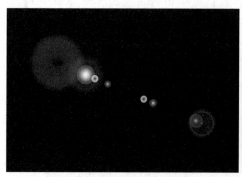

图　4-21

4.3　钢笔工具的绘制方法

用钢笔工具绘制的线段叫作路径，这些路径可以非常平滑。路径分为开放路径（路径的首尾锚点不连接）和闭合路径（路径的首尾锚点连接）两种。

在【工具】面板中选择【钢笔】工具，在绘制区域中单击，分别创建起始点和结束点两个锚点,就能绘制一条直线段。继续单击可创建由锚点连接的直线段所组成的路径,如图 4-22 所示。

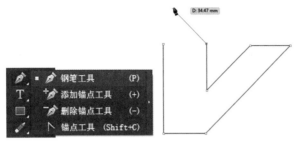

图　4-22

下面介绍【钢笔】工具的详细用法。

(1)基础绘制。将【钢笔】工具定位到所需的直线段起点并单击,定义第一个锚点（不要拖动,无方向线）。在希望线段结束的位置再次单击;继续单击以便为其他直线段设置锚点;最后回到起始锚点（第一个空心锚点上。如果放置的位置正确,【钢笔】工具的光标旁将出现一个小圆圈）,单击或拖动鼠标可形成闭合路径。如果想中止绘制锚点,可按 Esc 键结束绘制,或按 Ctrl 键并单击空白处的任何位置。

(2)绘制曲线。在曲线改变方向的位置添加一个锚点,并按住鼠标不放,然后拖动形成方向线（曲线）,方向线的长度和斜度决定了曲线的形状,如图 4-23 所示。要绘制下一段曲线,需添加下一个锚点并按住鼠标左键不放,继续拖动形成方向线。如果要停止绘制曲线而改绘直线或改变曲线方向,需单击一次刚刚绘制的曲线锚点（结束曲线锚点属性,变为一根方向线）,然后继续绘制一个锚点,单击可形成直线锚点,如图 4-24 所示。

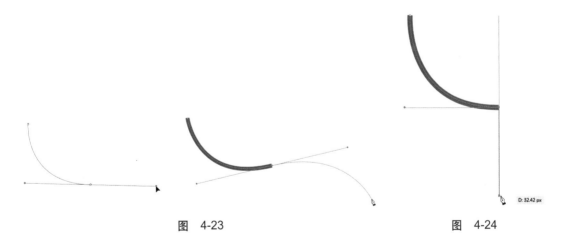

图　4-23　　　　　　　　　　　　　　　　图　4-24

✎ 技巧:

绘制 S 形曲线的方法:单击起始位置并按住鼠标左键不放,向下拖动鼠标形成方向线（按住 Shift 键可保持垂直）。移到第 2 个锚点位置,单击并向下拖动鼠标,观察曲线造型,得到满意曲线后释放鼠标,如图 4-25 所示。

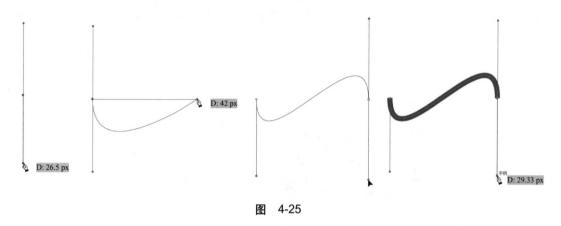

图 4-25

（3）添加锚点或删除锚点。将光标靠近绘制的路径,【钢笔】工具右下角出现"＋"号，单击可添加锚点；将光标靠近绘制的路径上的锚点,【钢笔】工具右下角出现"－"号,单击可删除锚点,如图 4-26 所示。

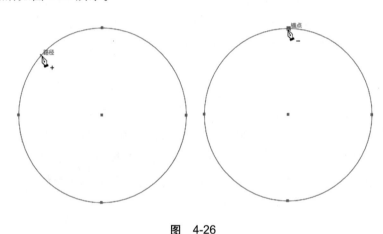

图 4-26

（4）用【锚点】工具改变锚点属性或调整方向线运动方向。以一个正圆为例：选择【锚点】工具,单击一个锚点,并向下拖动鼠标得到需要的效果。选择【锚点】工具,单击一个锚点,再向左拖动鼠标得到需要的效果。选择【锚点】工具,单击一个锚点,并向右拖动鼠标得到需要的效果。选择【锚点】工具,单击一次锚点,得到需要的效果,如图 4-27 所示。

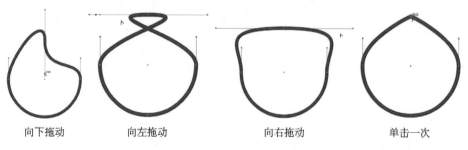

| 向下拖动 | 向左拖动 | 向右拖动 | 单击一次 |

图 4-27

平时应该多多练习用【钢笔】工具绘制图形的方法,用尽可能少的精确锚点来表现曲线。使用过多的锚点会在曲线中造成不必要的凸起,曲线变得不平滑,也会使得图形输出过程变慢。

4.4　自由曲线的绘制

下面介绍 AI 中的几种自由曲线的绘制技巧。

1. 【铅笔】工具

选择【工具】面板中的【铅笔】工具,如图 4-28 所示。就像用铅笔在纸上绘图一样,可以快速创建手绘风格的路径。在绘制过程中,会随着路径自动添加锚点,路径绘制结束后可以修改锚点。路径的长度和复杂程度决定了锚点的数量,拐点越多,锚点的数量也越多。

也可以双击【铅笔】工具,打开【铅笔工具选项】对话框,然后设置相关参数,其中,【保真度】指的是绘制出曲线的平滑度,向平滑一侧移动,路径就越平滑,复杂度就越低,锚点越少;向精确一侧移动,复杂度越高,平滑度越低,更接近手绘风格;【保持选定】选项可在绘制完一段曲线后再选中该曲线。这两个选项常用。

图　4-28

使用【铅笔】工具可绘制自由路径。将光标定位到希望路径开始的地方,然后拖动鼠标以绘制路径,绘制出的路径采用当前的描边和填色属性。在绘制时按住 Alt 键或 Shift 键,可画出直线。修改路径时,可以直接在修改处增加新路径,绘制好后原路径会自动删除,如图 4-29 所示。

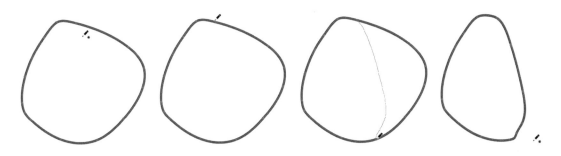

图　4-29

双击【铅笔】工具,可打开【铅笔工具】对话框,然后进行详细的设置。这里需要注意,【当终端在此范围内时闭合路径】选项表示自动闭合绘制结束时的像素范围,值越小则绘图越精确。

2. 【平滑】工具

【平滑】工具可以平滑路径外观,也可以通过删除多余的锚点简化路径。利用【平滑工具】可以快速修改路径并使之平滑。

选择【平滑】工具，沿要平滑的路径段绘制，绘制多次，路径慢慢变平滑，直到达到满意的平滑度，如图 4-30 所示。还可以双击【平滑】工具，打开【平滑工具选项】对话框，设置【保真度】。与【铅笔】工具类似，向平滑一侧移动滑块，使平滑效果更高；向精确一侧移动，则会让平滑效果降低。还可以在【铅笔工具选项】中选择开启 Alt 键，则在绘制时可以按住 Alt 键来实现边画边平滑路径，提高绘制效率。

类似的"平滑"操作还可以通过选择对象实现。在菜单栏中选择【对象】→【路径】→【简化】命令，设置参数时可以同时选择【预览】选项，可以显示简化路径的预览效果，并列出原始路径和简化路径中点的数量，如图 4-31 所示。

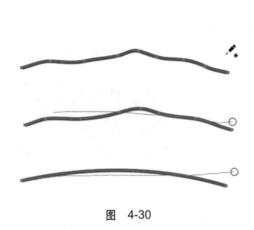

图 4-30

图 4-31

✎ 技巧：

【曲线精度】选项值越大，将创建更多点并且越接近原始路径效果。

【角度阈值】选项控制角的平滑度。如果角点的角度小于角度阈值，将不更改该角点；如果【曲线精度】选项值小，该选项可保持角锐利。

3. 其他工具

可以使用【路径橡皮擦】工具或 Wacom 数位板光笔上的橡皮擦来擦除图稿。【路径橡皮擦】工具可擦除路径。选择对象，选择【路径橡皮擦】工具，沿要擦除的部分路径进行绘制，效果如图 4-32 所示。

图 4-32

【连接】工具可以用来连接路径。在绘制自由曲线时线段的连接常常不是十分精确，会留下一些未闭合的缺口，利用【连接】工具可以将这些缺口连接起来，形成完整的闭合路径，如图 4-33 所示。

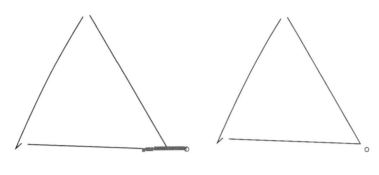

图　4-33

【橡皮擦】工具可对路径、复合路径、实时上色组内的路径和剪贴路径进行擦除处理。在使用该工具时需要选中对象。绘制时按住 Shift 键，会围绕一个区域创建选框并抹除该区域内的所有内容；绘制时按住 Alt 键，会将选框限制为方形。如图 4-34 所示。

图　4-34

如果要使用 Wacom 数位板的光笔橡皮擦进行擦除操作，使用光笔另一端的笔头时，光标会自动变为【橡皮擦】工具。用力增加压感，可增加擦除路径的宽度。

还可以双击【橡皮擦】工具，打开【橡皮擦工具选项】对话框来更改选项参数。与 Photoshop 中一样，可以随时更改画笔直径，按"]"键可增加直径、按"["键可减少直径。

有数位板的同学可以配合软件工具试用已讲过的绘制方法，学会使用数位板设计能使工作更为便捷和精确。必须完整安装对应数位板型号的产品驱动，AI 的相关功能才能被激活。

第5章 变换与编排对象

在本章中,将讲解如何在 AI 中变换对象和编排对象。在实际操作过程中,变换对象的方法和技巧有很多,灵活选择适合的变换对象方法可以提高工作效率。编排对象的内容在版面设计过程中极为重要,需要完全掌握编排操作逻辑与技巧。

本章要点:

- 变换对象技巧
- 编排对象技巧
- 剪切蒙版

5.1 变 换 对 象

变换对象的操作包括移动、旋转、镜像、缩放和倾斜。可以使用【变换】面板或【对象】菜单以及【变换】工具来变换对象,还可通过拖动选区的定界框来完成多种变换类型,或者选中对象后右击并选择变换命令。方法很多,可以按照操作需要来选择一种方法执行变换操作。有时可能还要再次执行同一变换操作,利用【对象】→【再次变换】命令,可以根据需要,重复执行移动、缩放、旋转、镜像或倾斜操作。

1.【变换】面板

创建一个对象(可以是绘制的图形、创建的文字、置入的图片等),并选中对象,选择【窗口】→【变换】命令,打开【变换】面板。面板中显示了对象的位置、大小和方向的信息,可以输入数值来变换,还可以修改选定对象的图案填充,更改变换参考点,以及锁定对象比例。面板中的数值都代表对象的定界框,X 和 Y 值则表示对象选定的参考点,如图 5-1 所示。

2. 使用界定框变换对象

(1)缩放变换。选中对象后,将光标放置在界定框角手柄处,出现缩放标志时,向内或向外拖动鼠标,执行缩放变换,如图 5-2 所示。

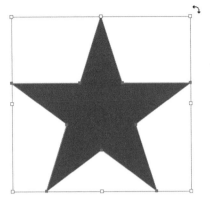

图　5-1

（2）旋转变换。选中对象后，将光标放置在界定框角手柄处稍靠外的位置，出现旋转标志时，顺时针和逆时针拖动鼠标，进行旋转变换，如图 5-3 所示。

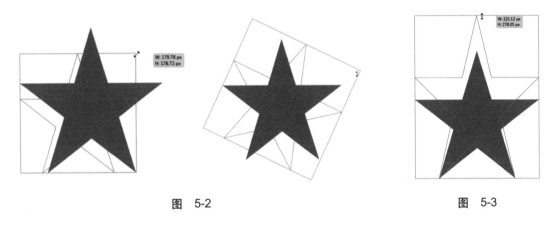

图　5-2　　　　　　　　　　　　　　　　图　5-3

（3）比例变换。选中对象后，将光标放置在界定框边手柄处的位置，出现拖动标志时，向外和向内拖动鼠标，进行比例变换。

✎ 技巧：

在进行大多数变换操作时，拖动过程中同时按住 Shift 键将进行等比变换，按住 Alt 键将以对象中心点变换，同时按住 Shift 和 Alt 两个键即可实现等比中心变换。在日常的设计过程中，对象的变换几乎都是等比的，在变换操作时需经常使用该快捷键配合操作。

某些缩放操作需要改变中心点位置，可以使用【工具】面板栏中的【比例缩放工具】来设定对象中心点。在绘制区域中单击希望放置的中心点，在放置中心点的同时按住 Alt 键单击，打开【比例缩放工具】对话框，输入变换参数。将鼠标朝向远离参考点的方向移动，然后将对象拖拽至所需大小，如图 5-4 所示。如果要沿某一轴线缩放对象，需在垂直或水平拖动时按住 Shift 键；如果想要更细微地控制缩放，可在距离参考点较远的位置开始拖动。

（4）倾斜对象。可以利用【倾斜工具】来倾斜对象，操作方式与【比例缩放工具】类似。可沿水平或垂直轴进行倾斜操作，或相对于特定轴的特定角度来倾斜或偏移对象。倾斜操作需要设定对象的参考点。参考点的位置不同，会有不同的倾斜效果。可以在倾斜对象时锁定对象的一个角度，还可以同时倾斜一个或多个对象，可以使用【倾斜工具】创建投影，如图 5-5 所示。

图 5-4   图 5-5

（5）扭曲对象。可通过使用【自由变换工具】或【液化扭曲】工具组来扭曲对象。如果要任意进行扭曲，需使用【自由变换工具】；如果要利用特定的预设扭曲（如旋转扭曲、缩拢或皱褶等），则使用【液化扭曲】工具组，如图 5-6 所示。

使用【自由变换工具】扭曲对象。在【工具】面板中选择【自由变换工具】并选中对象，开始拖动定界框上的角手柄，然后按住 Ctrl 键，直至所选对象达到所需的扭曲程度，按住 Shift + Alt + Ctrl 组合键变为透视扭曲。可配合第一个【锁链】图标来限定【变换比例】，也可以选择【透视扭曲工具】，将光标放置角手柄处进行透视扭曲变换。另外，在使用【自由扭曲工具】拖动时，同时按住 Alt 键可实现平行透视扭曲效果，与倾斜效果类似。

（6）镜像或对称对象。镜像对象让所选对象根据某一轴线进行翻转，使用【自由变换工具】、【镜像工具】或【镜像】命令都可以将对象进行镜像。

① 使用【自由变换工具】镜像对象。选择要镜像的对象，选择【自由变换工具】，拖动定界框的手柄，使其越过对面的边缘或手柄，直至对象位于所需的镜像位置，如图 5-7 所示。

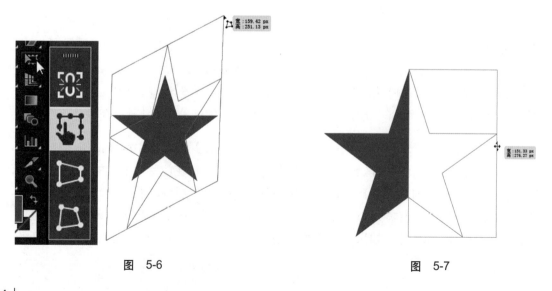

图 5-6   图 5-7

② 使用【镜像工具】镜像对象。选择对象,选择【镜像工具】在绘制区域中的任何位置单击,确定镜像轴线上的一点,鼠标指针形状将变为箭头。然后将指针定位到轴上的另一点来确定虚拟轴线的第二个点,单击(同时点按 Alt 键可复制镜像对象副本),所选对象会以所定义的虚拟轴线为轴进行翻转,如图 5-8 所示。

③ 使用【对称】命令变换对象。选择对象,右击并选择【变换】→【对称】命令(推荐使用此方法,适合垂直和水平方向的快速对称和复制操作)。在打开的对话框中输入参数,单击【确定】按钮,完成对象镜像操作,单击【复制】按钮即可复制镜像对象,如图 5-9 所示。

图　5-8

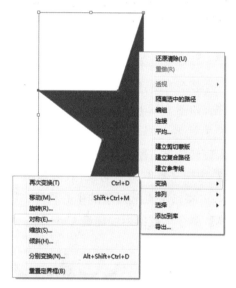

图　5-9

(7) 旋转对象。旋转对象功能可使对象围绕固定点翻转,默认的参考点是对象的中心点。如果选区中包含多个对象,则这些对象将围绕同一个参考点旋转,默认情况下,这个参考点为选区的中心点或定界框的中心点。

① 使用定界框旋转对象。选择一个或多个对象,使用【选择工具】将光标放在界定框外的一个定界框手柄,待光标变为旋转图标之后再拖动鼠标,如图 5-10 所示。

② 使用【自由变换工具】旋转对象。选择一个或多个对象,选择【自由变换工具】,将光标放在界定框外的一个定界框手柄上,待光标变为旋转图标后再拖动鼠标。

③ 使用【旋转工具】旋转对象。选择一个或多个对象,选择【旋转工具】,在绘制区域的任意位置拖动鼠

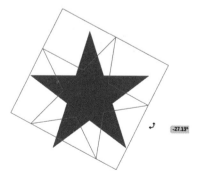

图　5-10

标指针顺时针或逆时针运动，使对象围绕其中心点旋转；要使对象围绕其他参考点旋转，则单击绘制区域中的任意一点来重新给定旋转参考点，然后将指针从参考点移开并拖动指针；若要旋转时复制对象，在开始拖动之后按住 Alt 键；要获得更精确的控制，可以在距离对象参考点较远的位置拖动鼠标，位置越远则旋转越精确，如图 5-11 所示。

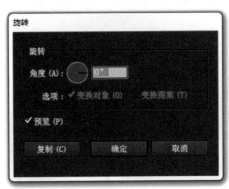

图　5-11

④ 按准确的角度旋转对象。选择一个或多个对象，选择【旋转工具】，然后按住 Alt 键，在打开的【旋转】对话框中输入角度等数据，如图 5-12 所示。

⑤ 围绕中心点旋转对象。选择对象后右击并选择【变换】→【旋转】命令；或双击【旋转工具】，然后在【角度】文本框中输入旋转角度。输入负角度可顺时针旋转对象，输入正角度可逆时针旋转对象，或单击【复制】按钮来复制旋转对象，效果如图 5-13 所示。如果要围绕一个参考点旋转多个对象的副本，可将参考点从对象的中心移开，并单击【复制】按钮，然后重复选择【变换】→【再次变换】命令（或使用快捷键 Ctrl+D）。

图　5-12　　　　　　　　　　　　　　　　　　图　5-13

⑥ 分别旋转多个对象。选择多个对象，在菜单栏中选择【对象】→【变换】→【分别变换】命令，单击角度图标或围绕图标拖动角度线，在【角度】文本框中输入角度并单击【确定】按钮，或单击【复制】按钮来创建旋转对象副本，如图 5-14 所示。

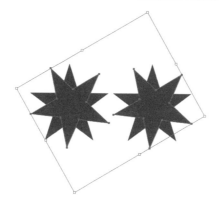

图 5-14

5.2 编 排 对 象

1. 通过【粘贴】命令来移动或复制对象

以下有 5 种粘贴方式。

（1）粘贴（Ctrl+V）：对象会粘贴到当前视图的中心位置。

（2）贴在前面（Ctrl+F）：对象会粘贴到所选对象的上方（非常实用的粘贴方式）。

（3）贴在后面（Ctrl+B）：对象会粘贴到所选对象的下方（非常实用的粘贴方式）。

（4）就地粘贴（Shift+Ctrl+V）：将对象粘贴到画板上，粘贴后的位置与复制该图稿时所在画板上的位置相同。

（5）在所有画板上粘贴（Alt+Shift+Ctrl+V）：将对象粘贴到所有画板上，粘贴后的位置与该图稿在当前画板上的位置相同（在版面设计中极为常用的功能，比如粘贴页眉或页脚）。

2. 移动对象

可以使用【选择工具】和【直接选择工具】拖动对象，使用键盘上的方向键或在【属性】

面板中输入数值。每按一次方向键所对应对象的移动距离，由【键盘增量】首选项确定，默认距离为 1pt（1/72 英寸，即 0.3528 毫米）。【首选项】面板中可设置【键盘增量】参数或【单位】选项，以便更精确地移动对象。

✎ 技巧：

例如，要绘制 1×1px 规格的矩形，在【首选项】面板中将键盘增量设定为 1px，按"→"键来精确移动对象，如图 5-15 所示。

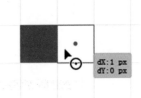

📖 注意：

px 表示 pixel，即像素，是屏幕上显示数据的最基本的点，

图　5-15

这个点没有固定"大小"。如果点很小，那画面就清晰，也就是"分辨率高"；pt 表示 point，是印刷行业常用单位"磅"。

3. 对齐对象

可以使用【对齐】命令来对齐对象。【对齐】命令可以使选中的对象对齐参考线、锚点、网格线，还可以使用【对齐】面板来指定一种想要的参考对齐点。可以配合 Shift 键来限制对象的移动，使其沿垂直、水平或以 45° 角的倍数旋转对象。在移动对象的同时配合 Alt 键来快速复制对象，这是在图形设计中非常方便实用的功能。

使用【对齐】面板和【控制】面板中的对齐选项可沿指定的轴对齐或分布所选对象，可以使用对象边缘或锚点作为参考点，并且可以对齐【所选对象】、【画板】或【关键对象】，关键对象指的是选择的多个对象中的某个特定对象。

📖 注意：

一般情况下 AI 会依据对象的路径来执行对齐或分布动作，如果对象具有不同描边粗细时，可以改为使用描边边缘来计算对象的对齐和分布动作，在【对齐】面板菜单中选择【使用预览边界】选项，如图 5-16 所示。

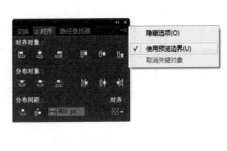

图　5-16

（1）要以对象的定界框来对齐，在【对齐】面板或【控制】面板中选择【对齐所选对象】，然后单击一种对齐按钮。

① 对齐类型：水平左对齐、水平居中对齐、水平右对齐、垂直顶对齐、垂直居中对齐、垂直底对齐。

② 分布类型：垂直顶分布、垂直居中分布、垂直底分布、水平左分布、水平居中分布、水平右分布。

（2）对于关键对象的对齐或分布操作，可以指定对象内某一对象为参照对象，依据这个对象现有的位置来对齐。操作次序为先选择所有要对齐的对象，然后单击参照对象的对象（关键对象周围出现一个蓝色轮廓），最后选择一种分布类型按钮，如图 5-17 所示。

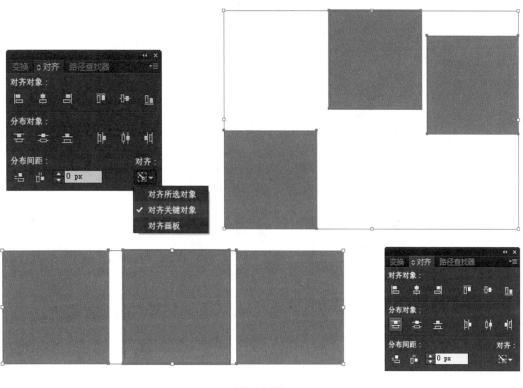

图　5-17

（3）相对于画板对齐或分布。在【对齐】面板或【控制】面板中选择【对齐画板】，然后单击与所需的对齐或分布类型相对应的按钮。

（4）按照特定间距量分布对象，可用对象路径之间的距离来精确分布对象。选中对象后，对齐方式改为【对齐关键对象】，使用【选择工具】单击参考对象，在【对齐】面板的【分布间距】文本框中输入要在对象之间显示的间距量。在进行图片较多的版面设计时，经常需要对齐多幅图片，此操作能非常方便快速的对齐图片，同时也能非常精确及时地做出间距修改，非常实用，如图 5-18 所示。

第一个对象被创建后，软件就开始向上按顺利堆叠所绘制的对象。在 Illustrator 中对象的堆叠位置十分重要。在正常绘图模式下创建新图层时，新图层将放置在现用图层的正上方（和 Photoshop 类似），且任何新对象都在现用图层的上方绘制出来。但是，在背面绘图模式下创建新图层时，新图层将放置在现用图层的正下方，且任何新对象都在选定对象的下方绘制出来。

图 5-18

4. 更改图稿中对象的堆叠顺序

可以使用【图层】面板或菜单栏中的【对象】→【排列】命令更改图稿中对象的堆叠顺序。

（1）使用【图层】面板更改堆叠顺序。位于【图层】面板顶部的图稿在堆叠顺序中位于前面，而位于【图层】面板底部的图稿在堆叠顺序中位于最后面，同一图层中的对象也是按该顺序进行堆叠。在图稿中创建多个图层可控制重叠对象的显示方式。拖动项目名称，出现灰色的插入标记时松开鼠标，灰色插入标记出现在面板中其他两个项目之间，或出现在图层或组的左边和右边，移动到图层或组内的项目将被移动至项目中所有其他对象上方。灰色插入标记出现在图层之间，将图层 3 放置在图层 2 下，如图 5-19 所示；灰色插入标记未现在图层之间，将图层 3 放置到图层 2 内，如图 5-20 所示。

图　5-19　　　　　　　　　　　　　　图　5-20

按住 Ctrl 键,并单击要反向排列的项目名称,可使【图层】面板中项目的顺序反向排列,这些项目必须是该图层层次中同一级别的项目。例如,可以选择两个顶级图层,但并不能选择位于不同图层中的两个路径。然后从【图层】面板菜单中选择【反向顺序】选项,如图 5-21所示。

(2) 使用菜单栏命令更改堆叠顺序。选择要移动的对象,在菜单栏中选择【对象】→【排列】→【置于顶层】命令,或选择【对象】→【排列】→【置于底层】命令,将对象移到其组或图层中的顶层或底层位置。要将对象按堆叠顺序向前移动一个位置或向后移动一个位置,请选择要移动的对象,然后再选择【对象】→【排列】→【前移一层】命令或【对象】→【排列】→【后移一层】命令。

(3) 或选择对象,右击并选择【排列】级联菜单中的命令,如图 5-22 所示。

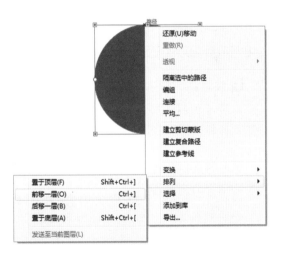

图　5-21　　　　　　　　　　　　　　图　5-22

Illustrator 的图层功能与 Photoshop 中的类似,在创建复杂图稿时需要合理地堆叠文稿中的对象,使用图层可以很好地整理与区分对象。可以在图层间移动项目,也可以在图层文件夹中创建子文件夹。文档中的图层结构可以很简单,也可以很复杂。默认情况下所有项目都被组织到一个单一的父图层中,可以创建新的图层,并将项目移动到这些新建图层中,或随时将项目从一个图层移动到另一个图层中。

【图层】面板十分简单，可以对图稿的外观属性进行选择、隐藏、锁定和更改。

左侧"眼睛"图标为可视性列，取消选择该图标所在图层后，内容将不可见；右侧为"上锁"列，单击一次图标将图层锁定；右侧"圆形"图标为目标列，指示是否已选定项目以应用"外观"面板中的效果和编辑属性，当目标按钮显示为双环图标时，表示项目已被选定；最右侧为选择列，当选定项目时，会显示一个颜色框，指示所选图层的界定框或路径等轮廓显示的颜色，双击图层可弹出【图层选项】对话框来更换颜色（可选择与图层内对象颜色色调不同的轮廓颜色，便于观察），如图 5-23 所示。

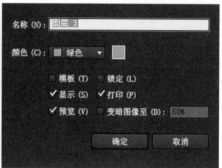

图　5-23

从【图层】面板菜单中选择【面板选项】命令，可以更改图层面板显示的内容。

如图 5-24 所示，选择【仅显示图层】选项，可隐藏【图层】面板中的路径、组和元素集；【行大小】选项区指图层缩略图的大小；【缩览图】选项区选择图层、组和对象的一种组合，确定其中哪些项要以缩览图预览形式显示（默认全部选择）。

📑 注意：

图层文件较多时，在【图层】面板中显示缩览图可能会降低性能，关闭图层缩览图可以提高性能。

5. 合并图层和组

可以将对象、组和子图层合并到同一图层或组中。

锁定对象可防止对象被选择和编辑。要解锁文档中的所有对象，在菜单栏中选择【对象】→【解锁全部对象】命令。如果锁定了所有图层，则可以从【图层】面板菜单中选择【解锁所有图层】命令来解锁所有锁定的图层。

图　5-24

可以在画板中灵活地锁定对象。当画板内容较为复杂时，需要临时锁定堆叠在一起的对象，可以在菜单栏选择【对象】→【锁定】命令（快捷键 Ctrl+2）。另外，解锁全部对象的快捷键为 Ctrl+Alt+2，锁定没有选择的物体的快捷键为 Ctrl+Alt+Shift+2。

6. 删除对象

（1）选择对象，然后按 Backspace 键或 Delete 键。

（2）选择对象，在菜单栏选择【编辑】→【清除或编辑】→【剪切】命令。

（3）在【图层】面板中选择要删除的项目，然后单击【删除】图标即可删除图层，删除图层的同时会删除图层中所有的图稿。

5.3 剪 切 蒙 版

【剪切蒙版】功能是用形状遮盖其他图稿的对象。创建了【剪切蒙版】对象后，只能看到蒙版形状内的区域，也就是将图稿裁剪为蒙版的形状。【剪切蒙版】功能可以通过选择两个以上对象或者图层中的所有对象来建立【剪切组】。【剪切蒙版】功能是十分重要的一种"裁剪对象"（特别是位图图像）的功能，在版面设计中尤其重要，灵活使用【剪切蒙版】功能可使设计过程简便快速，效果精确美观。

1. 创建剪切蒙版

创建剪切蒙版需要满足两个条件：

第一，只有矢量对象才可以对任何图稿进行剪切；

第二，剪切路径必须在被剪切对象的上层。

创建剪切蒙版时，首先需要绘制剪切路径（只有矢量对象可以作为剪切路径），然后将绘制好的剪切路径从图层面板或堆叠顺序中移动至被剪切对象的上方，再选择剪贴路径以及想要遮盖的对象，在菜单栏中选择【对象】→【剪切蒙版】→【建立】命令，或右击并选择【建立剪切蒙版】命令，效果如图 5-25 所示。

注意：

要从两个或多个对象重叠的区域创建剪切蒙版，需先将这些对象进行编组。要创建半透明的蒙版，需使用【透明度】面板。

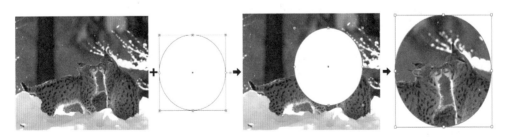

图 5-25

2. 编辑【剪切蒙版】

在【图层】面板中选择并定位剪切路径，或选择剪切组合并在菜单栏中选择【对象】→【剪切蒙版】→【编辑蒙版】命令，使用【直接选择工具】拖动对象的中心参考点，以此方式移动剪贴路径；或选择剪切组后，双击进入剪切组内部（隔离模式）进行快速编辑。可在剪切蒙版内进行移动、缩放等变换操作，如图 5-26 所示。

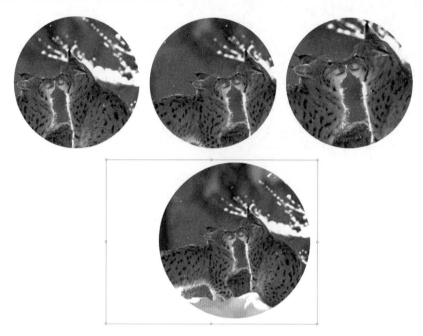

图　5-26

使用【直接选择工具】可以改变剪贴路径形状，如图 5-27 所示；可以对剪贴路径应用填色或描边；还可以自由编辑剪切蒙版内的图片素材或矢量对象，以满足设计构成的需要。另外，可以在剪切组内编辑路径。

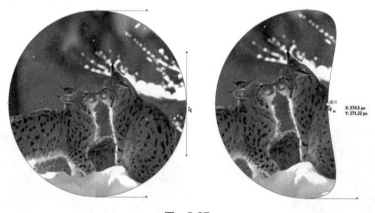

图　5-27

3. 快速替换剪切组内对象

设计过程中时常需要反复换图来对比前后的设计。可以进入剪切组后选择组内对象进行更换（一般可在进入剪切组之前将需替换的对象复制，进入剪切组后删除现有对象，再粘贴新对象）。如果对象是位图图片，可到【工具栏】中选择图片名称，再选择【重新链接】命令，如图 5-28 所示。

图 5-28

（4）导入图稿文件。【置入】命令是导入外部图稿的主要方式，置入文件后可以使用【链接】面板来更新、编辑文件。在菜单栏中选择【文件】→【置入】命令，在打开的对话框中选择一个文档进行置入，在画板中找到想要放置的位置并单击。

使用【轮廓】视图可以观察对象，链接的对象的界定框有两条对角线，如图 5-29 所示。

图 5-29

注意：

置入的位图图像作为设计素材被置入到画板中，事实上这些图像文件只是一种链接的文件，如图 5-30 所示，并没有真正保存到软件缓存内（与 Photoshop 不同，Photoshop 中所有编辑文档内的对象、图片、文字、矢量对象等都保存在软件缓存内，并与源文件一起保存），链接的图稿仍保持独立。Illustrator 的源文件中只包含矢量信息，不包含像素信息，所以文档体积较小。

图 5-30

在工具栏中单击【链接的文件】，可显示当前文档内链接图片的状态。当排版时遇到大量图片时，建议将图片保持"链接状态"，来保证文档的稳定性并缩小文档的体积，所以链接图片需做好文件归纳，与文档源文件放置在同一根目录下，防止文件丢失，移动或复制时这些文件需一起操作。

也可以单击【嵌入】按钮，将图像嵌入到文档内。嵌入的图稿将按照原始分辨率保存在软件缓存中，与文档源文件一起保存。图像嵌入文档后，对象的界定框没有对角线。在工具栏中还可以更改图稿是链接的还是嵌入的状态，如图 5-31 所示。

如果嵌入的图稿包含矢量数据，可将其转换为路径，然后再修改。对于以特定文件格式嵌入的图稿，Illustrator 中仍保留其对象层次（如组和图层）。

要恢复一个缺失的链接或将链接替换为其他源文件，可在工具栏中单击【重新链接】按钮，或从面板菜单选择【重新链接】命令，找到并选择替换文件（可输入替换文件名称的第一个字母或前几个字母进行查找），单击【嵌入】按钮。

图 5-31

注意：

如果丢失的链接位于同一文件夹中，可以将它们全部恢复。

第6章　高级绘图技巧

本章将讲解如何对路径进行更为高级的绘制，以便创建更为高级和复杂的图形效果。Illustrator 提供了几种高级的路径编辑与重组工具、上色工具等，只有掌握了这些工具的使用方法与技巧，才能进行更为深入和复杂的创意设计工作。

本章要点：

- 路径重组技巧
- 混合效果
- 轮廓化曲线
- 实时上色
- 扭曲变形
- 参考线
- 变量宽度描边

6.1　路径重组技巧

1.【形状生成器工具】和【Shaper 工具】

很多时候一个图形的设计是靠多个图形对象相互拼接重组而来的，可以使用【形状生成器工具】和【Shaper 工具】进行简单图形的创作和重组，如图 6-1 所示。

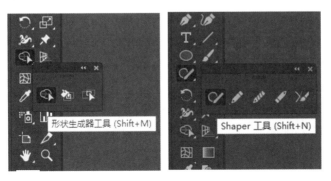

图　6-1

【形状生成器工具】可以快速地将多个重叠对象融合或拆分，十分灵活；而【Shaper 工具】可根据手势来生成形状，并且根据手势的绘制来保留或删去不需要的路径，同时还可以产生与【形状生成器工具】类似的路径重构效果。

✎ **技巧：**

若要将两个圆形快速融合，可以使用【形状生成器工具】先绘制两个圆，然后按下鼠标左键并将光标在想要融合的区域划过，两个图形就可以融合为一体。这个功能在进行图形设计、字体设计、标识设计时十分常用，如图 6-2 所示。

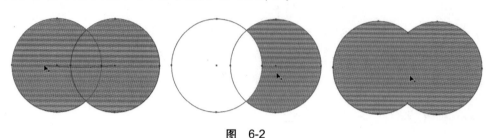

图　6-2

【Shaper 工具】更适合使用数位板工作的设计师。使用光笔简单绘制一个图形，软件便会计算出一个标准几何图形。可以利用该工具的手势控制特性来快速自由地融合或减去图形，如图 6-3 所示。要减去图形，需要在图形区域上画 Z 字形；要融合区域，需要在相交路径上画 Z 字，这样就可以更为智能地进行图形设计了，如图 6-4 所示。

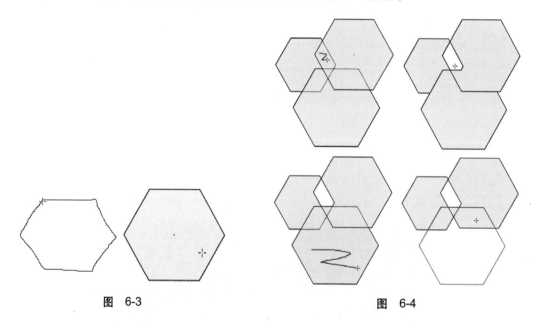

图　6-3　　　　　　　　　　　　　　　图　6-4

2.【路径查找器】面板

【路径查找器】面板能够从重叠对象中创建新的形状，是十分重要的一项高级绘图功能。

可以选择【窗口】→【路径查找器】命令打开【路径查找器】面板，如图 6-5 所示。使用【路径查找器】面板可将多个对象组合为新形状；【路径查找器】面板中的路径查找器效果可应用于任何对象、组和图层的组合；单击【路径查找器】面板中的按钮，即创建了最终的形状组合，后续不能再编辑。

还可以在【效果】面板或在【外观】面板中应用路径查找器效果。【效果】面板中的路径查找器效果仅可应用于组、图层和文本对象，应用效果后还可继续选择和编辑原始对象；【外观】面板可修改或删除效果。

图　6-5

使用【路径查找器】面板创建新对象的方法是：选择多个对象，单击【路径查找器】面板中下排的一个按钮，或者按 Alt 键并单击上排的一个【形状模式】按钮。

上排按钮的作用分别是：联集，减去顶层，交集，差集。

下排按钮的作用分别是：分割，修边，合并，剪裁，轮廓，减去后方对象。

1. 路径查找器选项

从【路径查找器】面板菜单中选择【路径查找器选项】命令，或者双击【外观】面板中的路径查找器效果，可进行选项参数设置，如图 6-6 所示。

路径查找器主要选项如下。

（1）精度：可以影响路径查找器计算对象路径时的精确程度，值越大，绘图越准确，生成结果路径所需的时间就越长。

（2）删除冗余点：计算重组时删除不必要的点。

（3）分割和轮廓将删除未上色图稿：应用"分割"或"轮廓"效果时，会删除选定图稿中的所有未填充对象。

2. 路径查找器效果

下面通过【路径查找器选项】面板介绍常用的路径查找器效果，如图 6-7 所示。

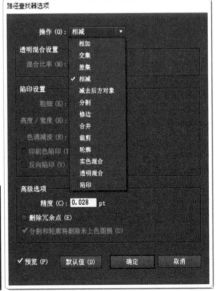

图　6-6

图　6-7

（1）联集：绘制所有对象的重叠区域，合并重叠区域的路径，如图 6-8 所示。

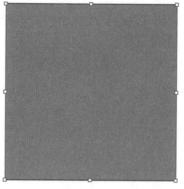

图　6-8

（2）减去顶层：从最前面的对象中减去后面的对象，可以通过调整堆栈顺序来灵活减去对象区域，如图 6-9 所示。

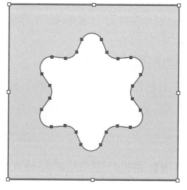

图　6-9

（3）交集：从最后面的对象中减去最前面的对象，如图 6-10 所示。

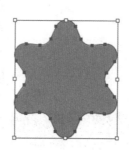

图　6-10

（4）差集：绘制对象所有对象中未被重叠的区域，如图 6-11 所示。

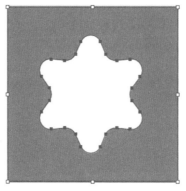

图 6-11

（5）分割：将一组对象按照路径相交位置分割成多个对象，分割后可以解组来处理局部对象，如图 6-12 所示。

图 6-12

（6）修边：删除对象中被隐藏的部分，并删除所有描边，如图 6-13 所示。

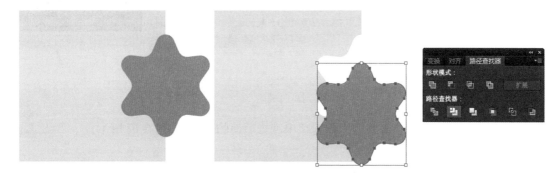

图 6-13

（7）合并：删除对象中被隐藏的部分，删除所有描边，且合并具有相同颜色的相邻或重叠的对象，如图 6-14 所示。

（8）裁剪：将一组对象按照路径相交位置分割成多个对象，然后删除图稿中上方对象以外的部分，并删除所有描边，如图 6-15 所示。

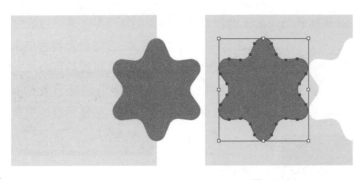

图 6-14

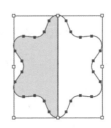

图 6-15

（9）轮廓：将对象分割为线段或边缘，如图 6-16 所示。

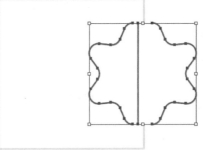

图 6-16

（10）减去后方对象：从最前面的对象中减去后面的对象，如图 6-17 所示。

图 6-17

生成效果后对象默认会编组,可取消编组操作并继续编辑图形。

3. 常见的印刷处理方式

【路径查找器】的工作原理其实类似印制工艺。下面介绍几种常见的印制处理方式。

(1) 套印:多色印刷时要求各色版图案重叠套准。

(2) 压印(叠印):一个色块压印在另一个色块上,因为印刷油墨的颜色可能会发生混合而影响最终成品颜色。印刷时特别要注意黑色文字在彩色图像上的叠印。可以选择黑色的矢量对象,打开【属性】面板,选中【叠印填充】,或在菜单栏中选择【编辑】→【编辑颜色】命令并选择叠印黑色。叠印填充同样适用于专色,特别是金属专色的叠印。当出现位图图片有黑色时,需在【透明度】面板中将混合模式改为正片叠底。要观察叠印效果,可选择菜单栏中的【视图】→【叠印】命令,效果如图 6-18 所示。

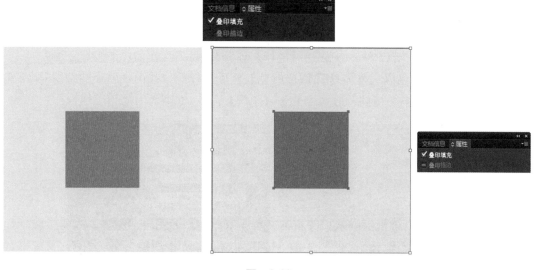

图　6-18

(3) 陷印:这是为了避免叠印时颜色发生改变,将颜色重叠的部分抠出,再将上层对象叠印。但是如果实际印刷套版不准,则会导致最终印制的各颜色之间出现白色间隙。为补偿潜在的间隙,可以在两个相邻颜色之间创建一个稍微扩大的重叠区域(称为陷印),以保证成品不漏白,如图 6-19 所示。

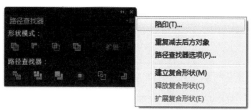

图　6-19

陷印分为外部陷印和内部陷印。如图 6-20 所示，浅色的对象重叠较深色的背景叫外部陷印（左），浅色的背景重叠陷入背景中的较深色的对象叫内部陷印（右）。

图　6-20

可以从【路径查找器】面板中应用【陷印】命令，或者将其作为效果进行应用。

首先要将文档颜色模式改为【CMYK 颜色】，然后选择两个或两个以上的编组对象，在菜单栏中选择【窗口】→【路径查找器】→【陷印】命令，如图 6-21 所示。

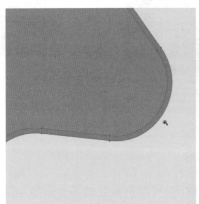

图　6-21

【陷印选项】面板中相关选项：【高度／宽度】可设定不同的水平和垂直陷印值，默认值 100% 使水平线和垂直线上的陷印宽度相同；【色调减淡】可减小被陷印的较浅颜色的色调值，在陷印两个浅色对象时，陷印线会透过两种颜色中的较深者显示出来；【印刷色陷印】是把专色印刷色进行陷印处理。

6.2　混　合　效　果

混合效果，就是在两个对象之间创建平均分布的形状，平滑的过渡颜色的特殊效果。可以使用【混合工具】和【建立混合】命令来创建混合效果，如图 6-22 所示。

图 6-22

选择需要混合的对象,选择【工具】面板中的【混合工具】,单击第一个对象（光标出现"*"）,再单击第二个对象（光标出现"+"号）,完成混合效果的建立。还可以混合对象上的锚点,方法是使用【混合工具】移近锚点,光标形状变为黑点时,再单击下一个对象（光标出现"+"号）,混合完成后的效果如图 6-23 所示。

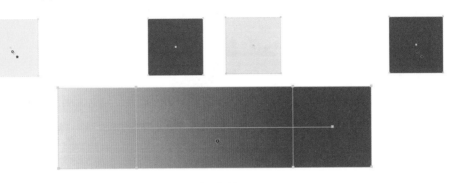

图 6-23

📋 提示:

默认情况下,Illustrator 会计算创建一个平滑颜色过渡所需的最适宜的步骤,要控制步骤或步骤之间对象的距离,需双击【混合工具】或选择【对象】→【混合】→【混合选项】命令来打开【混合选项】对话框设置混合选项,如图 6-24 所示。

（1）【间距】选项。确定要添加到混合效果的步骤数。

① 平滑颜色：自动计算混合效果的步骤数,使颜色过渡平滑。如果对象的填色或描边是不同的颜色,计算出的步骤数将是为实现平滑颜色过渡而取的最佳步骤数。如果对象包含相同的颜色或包含图案等,则步骤数将根据两对象定界框边缘之间的最长距离计算得出。

图 6-24

② 指定的步数：用来控制在混合开始与混合结束之间的步骤数。

③ 指定的距离：从一个对象到下一个对象的边缘之间的距离。

（2）【取向】选项。确定混合对象的方向。主要有以下两个选项。

● 对齐页面：垂直于页面的 x 轴建立混合效果,如图 6-25 所示。

● 对齐路径：垂直于路径建立混合效果,如图 6-26 所示。

图 6-25

图 6-26

可以更改混合对象的轴。混合轴是混合对象中各步骤对齐的路径，默认情况下，混合轴会形成一条直线。如果要调整混合轴的形状，使用【直接选择工具】等路径修改工具调整混合轴上的锚点或路径。

（1）替换混合轴。要使用其他路径来替换混合轴，需将轴线路径绘制出来，同时选择混合轴路径和混合对象，然后选择【对象】→【混合】→【替换混合轴】命令，如图 6-27 所示。还可以选择【反向混合轴】命令来颠倒混合轴上的混合顺序。

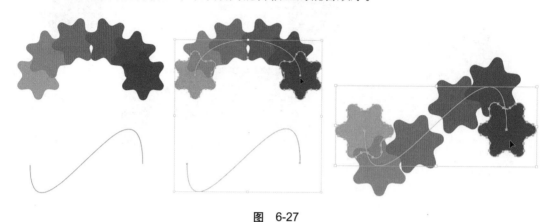

图　6-27

（2）释放混合对象。释放一个混合对象会删除新对象并恢复原始对象，方法是先选择混合对象，再选择【对象】→【混合】→【释放】命令。

（3）扩展混合对象。混合对象可以继续编辑。选择一个混合对象，双击该对象进入隔离模式，移动了其中一个原始对象，或编辑了原始对象的锚点，则混合对象将会随之变化。还可以扩展混合效果，进行下一步编辑。扩展混合对象会将混合分割为许多不同的对象"序列"，选择【对象】→【混合】→【扩展】命令，这样就可以像编辑其他对象一样继续编辑其中的任意一个对象，如图 6-28 所示。

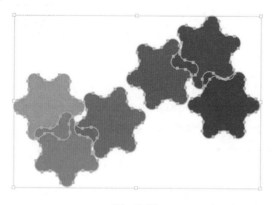

图　6-28

 注意：

当印刷色对象和专色对象执行混合命令时，混合所生成的形状会以印刷色来上色；如果在两个不同的专色之间混合，则会使用印刷色来为过渡对象上色；在相同专色的色调之间进行混合,则按专色进行上色。

　　如果在两个使用【透明度】面板指定了混合模式的对象之间进行混合,则混合步骤仅使用上面对象的混合模式;如果在具有多个外观属性(效果、填色或描边)的对象之间进行混合,则会混合计算其选项。

6.3　轮廓化曲线

　　【扩展】命令是将对象的效果转换成可被印刷设备"识别"的路径,也叫转曲(轮廓)。

　　转曲是指将对象的效果属性去除(混合效果、滤镜效果、描边效果、字体效果等),转换成能任意造型或识别的普通路径,可提高文件的共通性。转曲是矢量印刷设计的重要概念。

　　可以扩展的对象包括:描边(包括使用了【宽度工具】变形后的描边效果),渐变网格、【效果】面板下的对象(如扭曲、波纹效果等),混合后的对象,变换后的对象,符号和画笔效果,填充。这些对象都可以扩展成路径,扩展后的路径默认是编组状态。

1.对描边进行扩展

　　选中对象后,在菜单栏中选择【对象】→【扩展】→【描边】命令。如果对象应用了外观属性(如加载了宽度变量的描边),在这种情况下,需先选择【对象】→【扩展外观】命令,然后再次选择【对象】→【扩展】命令。在菜单栏中选择【视图】→【轮廓】命令(快捷键Ctrl+Y),可检查描边是否被扩展,正确扩展后的描边应如图 6-29 所示,为完整的闭合路径。

图　6-29

2.文本对象的轮廓(转曲)化

　　设计稿完成后,在交付印制部门前,需要将文稿内的所有对象轮廓化,其中也包括文本对象。方法如下:选中文本对象,在菜单栏中选择【文字】→【创建轮廓】命令(快捷键Ctrl+Shift+O),或在文字对象上右击并选择【创建轮廓】命令。

　　同样可利用【轮廓】视图来检视文本对象是否被"转曲",如图 6-30 所示。上图未创建轮廓文本(可继续编辑),下图为已创建轮廓文本(文本已经转曲,不可编辑)。

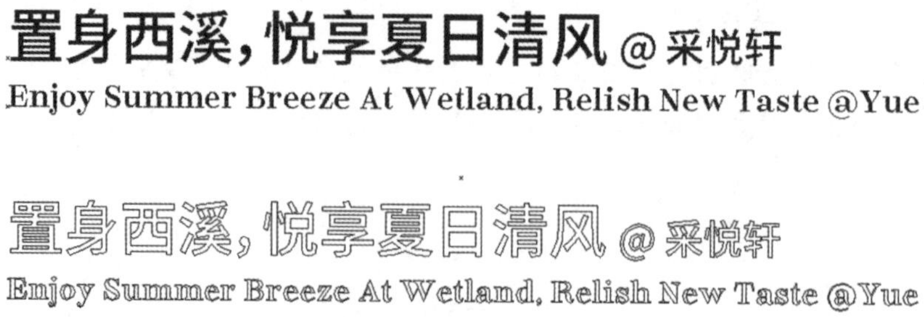

置身西溪，悦享夏日清风 @采悦轩
Enjoy Summer Breeze At Wetland, Relish New Taste @Yue
置身西溪，悦享夏日清风 @采悦轩
Enjoy Summer Breeze At Wetland, Relish New Taste @Yue

图 6-30

还可以用【查找字体】命令来检查文档中是否有未被转曲的文字对象。【查找字体】命令使一种用来检查文稿中文本字体的快捷工具，利用【查找字体】命令检查文本是否转曲的方法适用于图形和文字对象混合的多页设计稿。方法如下：在菜单栏选择【文字】→【查找字体】命令，打开的对话框如图 6-31 所示。若文档中的字体对话框内显示了字体名称，则表示当前文档具有含字体文件的文本对象，需将其创建轮廓，如显示“文档中的字体：(0)”则表示文档中的文本对象都已转曲。还可以将指定的字体替换为新字体。

文档中的字体：(2)
同步
Encorpada Sheraton
思源黑体 CN Medium
查找 (F)
更改
全部更改 (H)
存储列表 (S)...
缺少字体：0
替换字体来自：文档
同步字体 (Y)
文档中的字体：(2)
Encorpada Sheraton
思源黑体 CN Medium
提示：
右键单击并按住字体名称不放，可查看预览。
完成 (D)

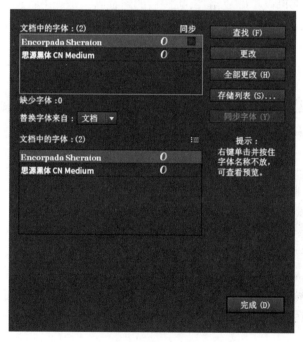

图 6-31

6.4 实时上色

除了使用【填色】和【描边】面板来为对象上色外，【实时上色工具】是一种最为直观的创建彩色图形的方法，可以任意对图形进行实时着色，就像对画布或纸上的绘画进行着色一样，可以使用所有矢量绘画工具，可以使用不同颜色为每段路径描边，并使用不同的颜色、图案或渐变色填充每个封闭路径。实际上【实时上色工具】是将绘画平面分割成几个封闭路径区域,可以对其中的任何区域进行着色,而不论该区域的边界是由单条路径还是多条路径段组成。一旦建立了【实时上色】组,则每条路径都可编辑,移动或调整路径形状时会自动重新应用颜色。【实时上色工具】更类似传统着色工具,使上色流程更为流畅自然。

1. 创建实时上色组

要创建实时上色组,可选择一条或多条路径或是复合路径,在菜单栏中选择【对象】→【实时上色】→【建立】命令,再选择【实时上色工具】,然后单击选定的对象。实时上色组创建成功后,选择【实时上色工具】并靠近对象,会出现突出显示效果,证明该区域可以进行上色,如图 6-32 所示。上色时可按 Alt 键切换光标为【吸管工具】,然后快速吸取颜色信息。利用【实时上色选择工具】可选择填色或描边色进行修改(修改颜色、粗细等),如图 6-33 所示。

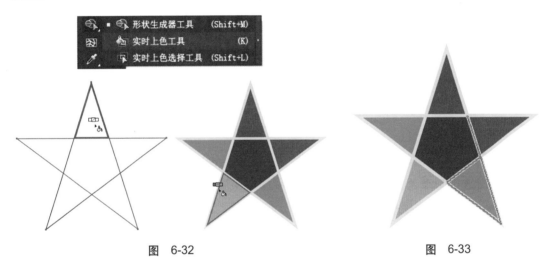

图 6-32   图 6-33

📄 提示:

某些属性可能会在转换为实时上色组时丢失 (如透明度和效果),而有些对象则不能进行转换 (如文字、位图图像和画笔),对于不能直接转换为实时上色组的对象,如为文字对象,可以在菜单栏中选择【文字】→【创建轮廓】命令;如为位图图像,在菜单栏中选择【对象】→【实时上色】→【建立并转换为实时上色】命令;如为其他对象,在菜单栏中选择【对象】→【扩展】命令。不适用于实时上色组的功能:渐变、网格、图表、【符号】面板中的符号、光晕工具、【描边】面板中的【对齐描边】选项等。

2.【实时上色工具选项】对话框

双击【实时上色工具】,可打开【实时上色工具选项】对话框,可以选择只对填充进行上色、只对描边进行上色或同时对二者进行上色,还可以决定当工具移动到对象的表面和边缘上时如何对其进行突出显示,如图 6-34 所示。对话框中选项说明如下。

- 填充上色:对"实时上色"组的各表面上色。
- 描边上色:对"实时上色"组的各边缘上色,在上色时按 Shift 键即可快速切换并给描边上色。

- 光标色板预览：【实时上色工具】指针显示为三种颜色色板，可选定填充或描边颜色以及【色板】面板中紧靠该颜色左侧和右侧的颜色，如图 6-35 所示。

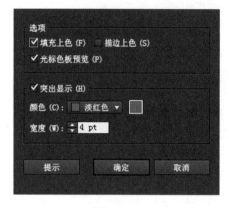

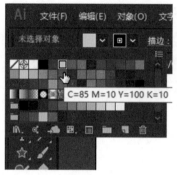

图 6-34

图 6-35

- 突出显示：勾画出光标当前所在表面或边缘的轮廓。用粗线突出显示表面，细线突出显示边缘。
- 颜色：设置突出显示线的颜色。可以从菜单中选择颜色，也可以单击上色色板以指定自定颜色。
- 宽度：指定突出显示轮廓线的粗细。

3. 处理图稿间隙

有时由于绘制不仔细，可能会在图稿中存在间隙，会导致实时上色失误（路径之间存在间隙，导致软件判断失误，上色不准确），可以创建一条新路径来封闭间隙或编辑现有路径以封闭间隙，或者在实时上色组中调整间隙选项。在菜单栏中选择【对象】→【实时上色】→【间隙选项】命令，可打开【间隙选项】对话框，如图 6-36 所示。对话框中主要选项如下。

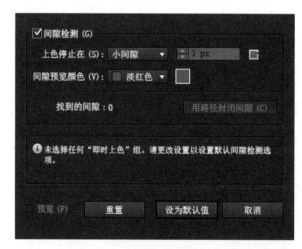

图 6-36

- 间隙检测：选中此选项时，将识别实时上色路径中的间隙，并防止上色时颜色误上到外部区域。
- 上色停止在：设置颜色不能渗入间隙的大小（小间隙、中等间隙、大间隙、自定间隙）。
- 间隙预览颜色：设置在【实时上色】组中预览间隙的颜色，可以选择一种与上色颜色不同的颜色做区分。当检测到有间隙时，可以使用【用路径封闭间隙】，选择此选项时将在实时上色组中插入未上色的路径以封闭间隙。
- 预览：将当前"即时上色"组中检测到的间隙显示为彩色线条以便于区分，如图 6-37 所示。

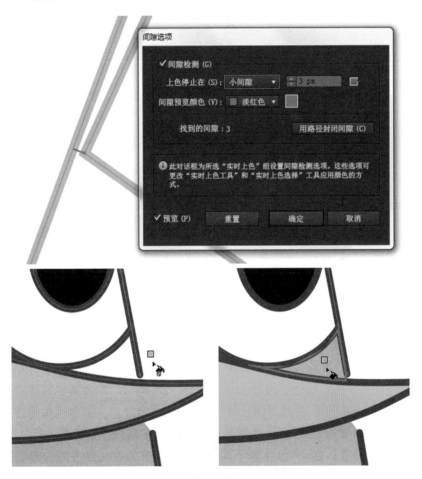

图　6-37

📌**注意：**

实时上色完成后需要扩展对象，也就是将上色效果转换为普通路径。在菜单栏中选择【对象】→【实时上色】→【扩展】命令，对于有描边效果的对象还需选择【对象】→【扩展外观】→【扩展】命令，完全扩展的对象可使普通路径满足印刷文件的要求。如图 6-38 所示，左侧为实时上色组，右侧为完全扩展后形成的普通路径。

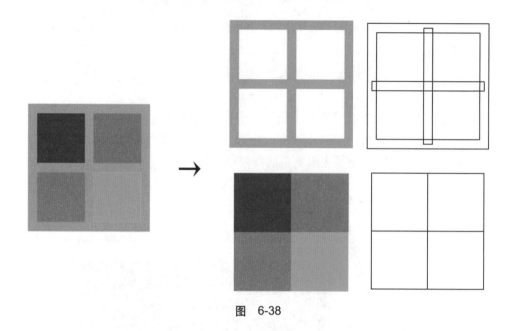

图 6-38

6.5 扭 曲 变 形

【变形】工具组中工具可以扭曲对象，一共分为 8 个工具，如图 6-39 所示。这些工具的使用方法类似液化效果，只需要在对象上的相应位置涂抹绘制即可。

以【旋转扭曲工具】为例。选择该工具，然后单击或拖动要扭曲的对象，效果实时出现。双击【扭曲】工具图标，打开【变形工具选项】对话框，可更改画笔光标的大小并设置其他选项参数，如图 6-40 所示。

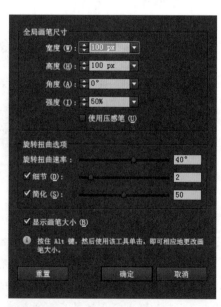

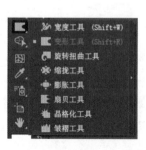

图 6-39   图 6-40

这些工具配合压感笔使用。如果选中了【使用压感笔】选项,可不使用【强度】值,而根据压感笔的压力来输入值。如果计算机没有检测到数位板的输入信号,此选项将为灰色。数位板的"压感"功能可实现绘画笔触、画笔轻重等效果。

压感就是用笔轻重的感应灵敏度,压感分为 512(入门)、1024(进阶)、2048(专家)三个级别,压感级别越高,灵敏度越高,可以感应的细节越多。目前主流的数位板压感级别为 1024,可满足大部分细致的绘制要求。

📑 提示:

如图 6-41 所示,从左到右、从上到下图示分别表示【变形工具】效果、【旋转扭曲工具】效果、【缩拢工具】效果、【膨胀工具】效果、【扇贝工具】效果、【晶格化工具】效果、【褶皱工具】效果。

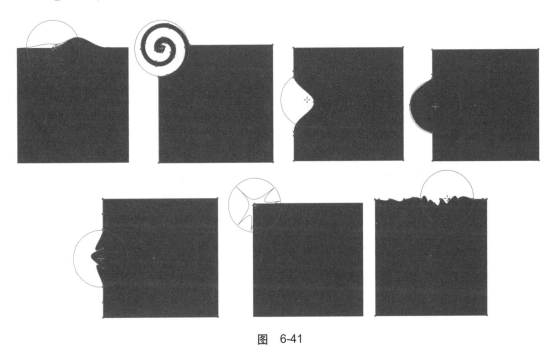

图　6-41

📛 注意:

不能将【变形工具】组用于链接文件或包含文本、图形或符号的对象。

6.6　参　考　线

在对齐文本和图形对象时,可以创建标尺参考线,用于垂直或水平的直线对齐。Illustrator 也支持将矢量对象转换为参考线。可以使用拾色器来更改参考线的颜色。在对齐复杂对象时,还可以将参考线锁住。在进行精细或复杂设计工作时参考线是必须要配合使用的,因此应该灵活掌握。

1. 创建参考线的方法

（1）先将标尺显示在文档窗口上，在菜单栏中选择【视图】→【标尺】→【显示标尺】命令（快捷键 Ctrl+R），或将光标放在左边标尺上后按下鼠标左键并往外拖曳出来，建立垂直参考线；或将光标从顶部标尺上拖拽出来建立水平参考线，如图 6-42 所示。

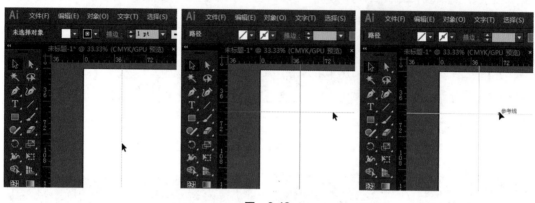

图   6-42

（2）面对复杂的设计时，单一的垂直或水平参考线可能无法辅助设计要求，需要自定义参考线。可以通过选择一个矢量对象，然后在菜单栏中选择【视图】→【参考线】→【建立参考线】命令（图 6-43），或选择矢量对象后右击并选择【建立参考线】命令将矢量对象转换为参考线。如果要撤销建立参考线，可以单击参考线，选择【释放参考线】命令。

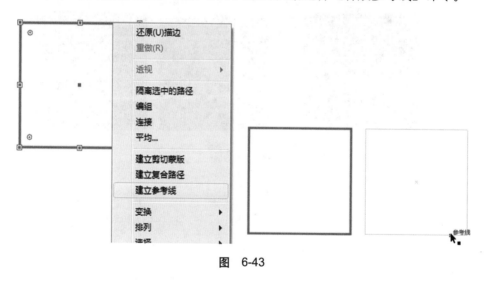

图   6-43

2. 参考线相关操作

显示或隐藏参考线：在菜单栏中选择【视图】→【参考线】中的【显示参考线】或【隐藏参考线】命令，如图 6-44 所示。

更改参考线的设置：在菜单栏中选择【编辑】→【首选项】→【参考线与网格】命令。

锁定参考线：在菜单栏中选择【视图】→【参考线】→【锁定参考线】命令。

隐藏参考线(U)	Ctrl+;	参考线(U)	▶
锁定参考线(K)	Alt+Ctrl+;	✓ 智能参考线(Q)	Ctrl+U
建立参考线(M)	Ctrl+5	透视网格(P)	▶
释放参考线(L)	Alt+Ctrl+5	显示网格(G)	Ctrl+"
清除参考线(C)		对齐网格	Shift+Ctrl+"

图　6-44

📖 **注意：**

隐藏参考线、显示参考线、锁定参考线、解锁参考线等操作极为常用,应记住相应的组合快捷键,以便快速操作。另外,建议新建单独的图层来放置参考线。

删除参考线：选择要删除的参考线,按 Backspace 或 Delete 键,或在菜单栏中选择【编辑】→【清除】命令；通过选取【视图】→【参考线】→【清除参考线】命令,会立刻删除所有参考线。

与参考线对齐：选择要对齐的对象并向参考线拖动,当显示"交叉"字样时,两者完全对齐,如图 6-45 所示。

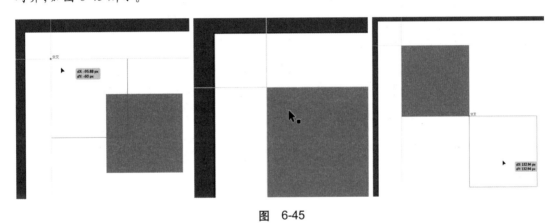

图　6-45

3. 智能参考线

智能参考线是创建或操作对象及画板时显示的临时对齐线,可帮助参照其他对象或画板来对齐、编辑和变换对象或画板。可以通过设置智能参考线"首选项"来指定显示的智能参考线和反馈的类型。智能参考线默认为打开状态,【视图】菜单可打开或关闭智能参考线（不建议关闭）。移动对象或画板时,使用智能参考线可将选定的对象或画板与其他对象或画板对齐。【对齐】操作参考的是对象和画板的几何形状。当对象接近其他对象的边缘或中心点时会显示参考线。变换对象时,【智能参考线】会自动显示以有助于完成变换操作,如图 6-45 所示。可以通过设置智能参考线"首选项"来更改显示的时间和方式。

在菜单栏中选择【编辑】→【首选项】→【智能参考线】命令,可打开智能参考线首选项面板如图 6-46 所示。部分选项的作用如下。

（1）颜色：指定参考线的颜色。

（2）对齐参考线：显示沿着几何对象、画板和出血的中心和边缘生成的参考线。当移动对象，绘制基本形状，使用钢笔工具和变换对象等操作时，会生成临时对齐参考线。

（3）锚点/路径标签：在路径相交或居中对齐锚点时显示"交叉"信息。

（4）度量标签：将光标置于某个锚点上时，许多工具（如绘图工具和文本工具）会显示光标当前位置的信息，创建、选择、移动或变换对象时会实时显示相对于对象原始位置的 x 轴和 y 轴移动值。

（5）对象突出显示：在对象周围拖动鼠标光标时，突出显示光标下的对象。突出显示颜色与对象的图层颜色匹配。

（6）变换工具：在比例缩放、旋转和倾斜对象时显示信息。

（7）结构参考线：在绘制新对象时显示参考线，可在【角度】下拉列表中输入一个角度。

（8）对齐容差：调整"智能参考线"的对齐容差值。

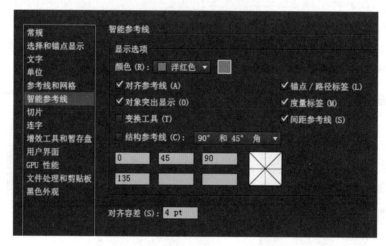

图　6-46

📓 **注意：**

【对齐网格】或【像素预览】选项被选中时，"智能参考线"不能使用。

4. 测量对象之间的距离

选择【工具】面板中的【测量工具】，然后单击第一点并拖移到第二点（显示黑色直线），弹出【信息】面板，显示 x 和 y 轴的水平和垂直距离、绝对水平和垂直距离、总距离以及测量的角度。按住 Shift 键拖动鼠标，将工具限制为 45°的倍数，如图 6-47 所示。

应学会查看【信息】面板。【信息】面板的内容会随着使用工具的不同、操作命令的不同进行实时显示，可以利用这一特性做更为精细的设计。

📑 **提示：**

如图 6-48 所示，查看当前图片的信息，结果如下：对象向 90°方向移动 15.882px，填充色为 C100Y100，描边色为 M100Y100。

另外，如果选择多个对象，【信息】面板只显示所有选定对象的相同信息。

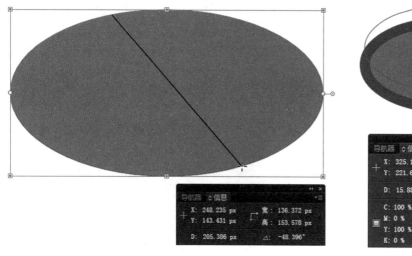

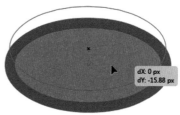

图　6-47　　　　　　　　　　　　　　　　　　　　　图　6-48

6.7　变量宽度描边

1. 认识【填色】和【描边】的功能

【填色】是指对象中的颜色、图案或渐变。填色可以应用于开放和封闭的对象以及【实时上色】组。

【描边】可以针对对象、路径或【实时上色】组边缘的轮廓。可以控制描边的宽度和颜色，也可以使用【描边】面板来创建虚线描边，同时还可利用【变量宽度描边工具】来扭曲描边效果。

可以在【工具】面板、【控制】面板和【颜色】面板中设置填色和描边，如图 6-49 所示。

图　6-49

2.【工具】面板中的操作

双击填充按钮，可以使用拾色器来选择填充颜色；双击描边按钮，可以使用拾色器来选择描边颜色；单击切换填色和描边按钮，可以在填充和描边之间互换颜色；单击默认填充和描边按钮，可以恢复默认颜色设置（白色填充和黑色描边）。

单击颜色按钮，可以将上次选择的纯色应用于具有渐变填充的对象，或者没有描边或填充的对象；通过单击渐变按钮，可以将当前选择的填充更改为上次选择的渐变；还可以删除选定对象的填充或描边。使用【选择工具】选择对象后，双击工具栏中填充色矩形，然后用拾色器选择颜色，或直接从色板中选色。

也可以使用【控制】面板来为选定对象指定颜色和描边。单击小三角按钮，展开【色板】面板进行选色。当对象具有描边宽度时，还可以在【控制】面板中和【描边】面板中选择宽度和显示属性，如图 6-50 所示。

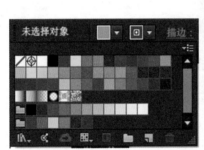

图 6-50

【描边】面板中部分选项说明如下。

- 粗细：可以为描边选择该值（值越大则描边越粗）。
- 端点：样式分为平头、方头、圆头。
- 边角：样式分为斜切连接、圆角连接、斜角连接。
- 对齐描边：可以使描边与路径的对齐方式为居中对齐、内侧对齐、外部对齐。
- 限制：表示当一个角的斜接限制大于某个数值时会出现尖角，太长的尖角会影响图形的美观，所以需要设定一个数值来限制，小于这一数值时就会是平角。这一限制是为了防止尖角过长，角度越小尖角越长，限制的倍数就越大才可以变为尖角。

📑 提示：

如图 6-51 所示，当应用过粗的描边时，可选择外部对齐显示模式来保证路径的完整显示。

选中【虚线】选项，可以产生虚线效果，如图 6-52 所示。如果找不到【虚线】选项，可从【描边】面板中选择【显示选项】命令来展开面板，并指定右侧的两种虚线模式。

- 使虚线与边角和路径终端对齐：此选项可让各角的虚线和路径的尾端保持一致并可预见。
- 保留虚线和间隙的精确长度：表示边角不对齐路径尾端。

图 6-51

图 6-52

通过输入【虚线】长度和【虚线】间隙文本框的值来指定虚线次序,输入的数字会按次序重复。例如,输入虚线为 5pt,间隙为 10pt;输入虚线为 5pt,间隙为 5pt;输入虚线为 1pt、3pt、5pt,间隙为 2pt、4pt、6pt。三组数据的虚线效果展示如图 6-53 所示。

图 6-53

【配置文件】指的是软件可以为描边创建可变的宽度样式。软件预制了几种宽度配置文件,可以在【描边】面板和【控制】面板中找到。要配置宽度文件,可以使用【工具】面板中的【宽度工具】,该工具用于创建具有可变宽度的描边,而且可以将可变宽度保存为配置文件并应用到其他描边，如图 6-54 所示。

应用【变量宽度描边工具】这个功能可以灵活地对描边宽度进行局部修改，让描边具有更加多变的效果，如图 6-55 所示。

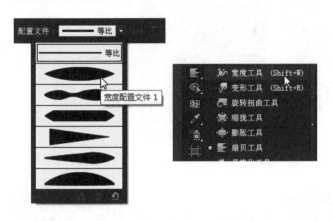

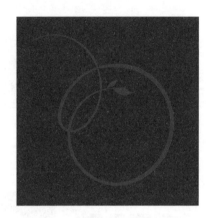

图　6-54

图　6-55

可使用【宽度工具】将光标停留在一个描边的某一点上，单击后，通过向外或向内拖动手柄，使该点的描边宽度增大。沿路径拖动该点可以更改宽度点数的位置，如图 6-56 所示。可以按住 Shift 键同时选择多个点一起调节。

选择【宽度工具】并双击相应的描边，打开【宽度点数编辑】对话框，为多个点设定边线 1 和边线 2 的宽度值，如图 6-57 所示。或者对所有描边宽度进行全局调整，如果选中【调整邻近的宽度点数】复选框，那么对所选宽度点数的更改也会影响邻近的宽度点数。

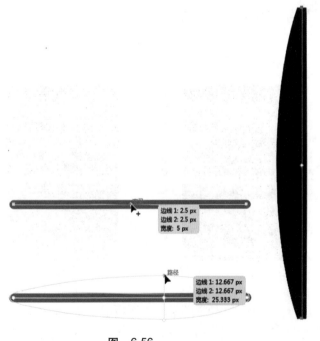

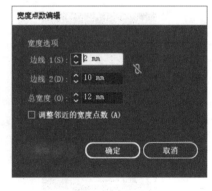

图　6-56

图　6-57

另外,可以使用【控制】面板保存和应用变量宽度配置文件。操作方法如下。

(1) 绘制了新的描边宽度之后,将新的宽度保存成宽度配置文件。方法是在【控制】面板的【变量宽度配置文件】下拉列表中选择【添加到配置文件】命令,再输入一个新的文件名称,新的宽度配置文件就会在列表中显示,如图 6-58 所示。

图　6-58

(2) 要将宽度配置文件应用到所选路径,可选择一段路径,在【变量宽度配置文件】面板的下拉列表中选择一种描边宽度,如图 6-59 所示。

图　6-59

📌 提示:

以上功能也可在【描边】面板的【配置文件】选项中设置,如图 6-60 所示。

图　6-60

使用【宽度工具】可使描边变化丰富,但需花时间多多尝试。同时,操作十分依赖于快捷键。常用快捷键如下。

(1) 创建描边一侧的宽度: 按 Alt 键并拖动鼠标。

(2) 复制宽度点数: 按 Alt 键并拖动宽度点数。

(3) 复制并将所有点沿路径移动: 按快捷键 Alt+Shift 并拖动鼠标。

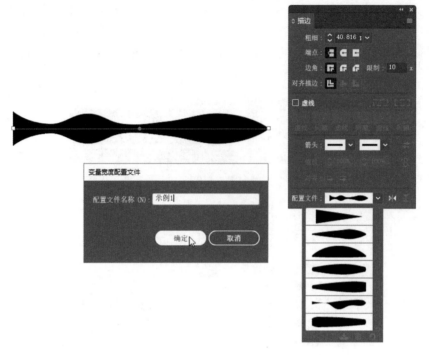

图 6-60（续）

(4) 选择多个宽度点数：按 Shift 键并单击。

(5) 更改多个宽度点数的位置：按 Shift 键并拖动鼠标。

(6) 删除所选宽度点数：按 Delete 键。

(7) 取消选择宽度点数：按 Esc 键。

第7章　Illustrator的色彩

本章将讲解如何在 AI 中进行色彩的配置与编辑，其中涵盖了色彩系统的理论基础、实色和渐变色的配色方法、色彩透明度的实用技巧等内容。可以使用的【色板】面板、【颜色参考】面板和【编辑颜色】/【重新着色图稿】对话框进行色彩配置工作。

本章要点：

- 色彩系统基础
- 色彩系统进阶
- 基础渐变色
- 高级渐变色
- 不透明度

7.1　色彩系统基础

对设计稿件配置色彩时，首先应该明确发布图稿的最终媒介是什么，才能够在开始工作前确定正确的【颜色模型】和【色彩空间】。

【颜色模型】指在描述数字图形中的各种颜色，不同的颜色模式，如 RGB、CMYK 或 HSB，分别表示用于描述颜色及对颜色进行分类的不同方法。颜色模式用数值来表示可见色谱。

【色彩空间】是另一种形式的颜色模型，它有特定的色域（范围）。例如，RGB 颜色模式中存在多个色彩空间，有 Adobe RGB、sRGB 和 Apple RGB。虽然这些色彩空间使用相同的三个轴（R、G 和 B）定义颜色，但它们的色域却不相同。

注意：

配置和应用图形的颜色时，颜色数值可以代表一种颜色，但这些数值本身并不是绝对的颜色，只是在生成颜色的媒介（如计算机显示器）的色彩空间内代表一定的颜色含义。由于每台设备有着自己独有的色彩空间（任何一台显示设备的色彩都不一样），因此它们只能重现自己色域内的颜色，如果将图像从某台设备移至另一台设备，由于每台设备会按照自己的硬件（显示面板光源和集成芯片）显色水平再现 RGB 或 CMYK 值，所以图像颜色可能会发生变化。例如，印刷机颜色不可能与显示器上看到的颜色完全一致，印刷机在 CMYK

颜色模式内运行,而显示器则在 RGB 颜色模式内运行,它们的色域非常不同。油墨生成的某些颜色无法在显示器上显示,而在显示器上显示的某些颜色则同样无法用油墨在纸张上重现。如图 7-1 所示,设计稿与设计成品有着明显的颜色差距。

图 7-1

虽然不可能让不同设备上的颜色完全匹配,但可以使用 Illustrator 中的色彩管理功能来确保大多数颜色相同或相似,从而达到一致的呈现效果。

1. RGB 颜色模式

RGB 颜色模式是基于光源来产生颜色,并采用"加色"模式。R、G 和 B 叠加在一起可产生白色。"加色"模式适用于照明光设备,比如显示器通过发射红色、绿色和蓝色光线产生颜色。可以做一下试验:建立黑色背景,绘制 3 个圆形,将 3 个圆形部分重叠放置,再将 3 个圆形分别填充红色（R255、G0、B0）、绿色（R0、G255、B0）、蓝色（R0、G0、B255）,改变图层混合模式为【变亮】(加色模式),中间重叠部分即为白色,如图 7-2 所示。

在 RGB 颜色模式下,每种 RGB 色值都可以为 0（黑色）～ 255（白色）。例如,亮红色使用 R246、G20 和 B50,当这三个值相等时显示灰色,当三个值为 255 时显示纯白色,当三个值为 0 时显示纯黑色。

2. CMYK 颜色模式

CMYK 颜色模式是"减色"模式。"减色"的概念是基于印刷油墨在纸张上的光吸收特性。当自然光照射到半透明的油墨上时,纸张和油墨会吸收一部分光谱,没有吸收的光将颜色反射回眼睛。混合纯青色（C）、洋红色（M）和黄色（Y）色素可通过吸收产生黑色,或通过相减产生所有颜色,因此这些颜色称为减色。添加黑色（K）油墨以实现更好的暗部密度,将这些油墨混合重现颜色的过程称为四色印刷。可以做以下试验:建立白色背景,绘制 3 个圆形,将 3 个圆形部分重叠放置,分别填充青色（C100）、洋红色（M100）、黄色（Y100）,改变图层混合模式为【变暗】(减色模式),则中间部分即为黑色,如图 7-3 所示。

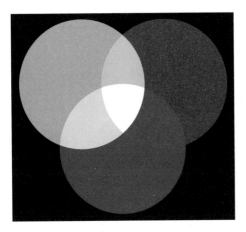

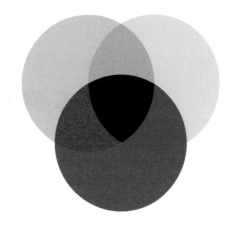

图　7-2　　　　　　　　　　　　　　　　图　7-3

在 CMYK 颜色模式下, CMYK 四色油墨可使用从 0 ~ 100% 的值,为最亮颜色指定的印刷色油墨颜色百分比较低,而为较暗颜色指定的百分比较高,比如亮红色可能包含 2% 青色、93% 洋红、90% 黄色和 0% 黑色。在 CMYK 对象中,低油墨百分比更接近白色,高油墨百分比更接近黑色。需要印刷设计稿时应使用 CMYK 颜色模式。

注意:

印刷色是使用四种标准印刷油墨来混色印刷的,分别是青色、洋红色、黄色和黑色。如果使用了 RGB 颜色模式来印刷,在进行分色时,软件系统会根据颜色管理设置和文档配置文件直接将颜色值转换为 CMYK。另外 Illustrator 允许两种颜色模式同时工作,有时会在同一设计稿中同时使用印刷色和专色,只需要在配色时使用色号来配置颜色。

3. 专色

专色指的是印刷时不是通过印刷四色来印制颜色,而是用专业的色彩公司出品的特殊油墨替代印刷油墨来印制,油墨颜色经过了特殊调配。例如,金属色系列就是专色,它在印刷时需要使用专门的印版。专色油墨可以准确重现印刷色色域以外的颜色。当选择专色设计时,看到的仅是显示器模拟效果而不是最终呈现的视觉效果。

使用专色时要注意,需按照规范使用指定色彩品牌出品的专色系统来配置专色。Illustrator 提供了一些基础颜色匹配系统库,应尽可能少地使用专色设计。一般在一个设计文档中会使用不大于三种的专色,因为创建的每个专色都需要为印刷机设置额外的专色印版,从而增加印制成本。使用专色时需知道设计图稿的最终输出(印制)媒介,以便使用最合适的颜色指导手册应用颜色。

下面介绍彩通色(pantone)。如图 7-4 所示,这是目前行业中应用最广的专色系统,全球有非常多的设计公司会选择彩通色来设计物料。彩通配色系统(pantone matching system,PMS)包括颜色指导手册(色卡)以及配色指南,介绍了当印制到不同的媒介(纸张、布料、金属、塑料、木材等)上时呈现的颜色效果会有变化。为了使颜色更加接近设计,针对不同纸张，彩通颜色指导手册有许多分类和版本，比如有哑光纸、铜版纸、棉布、尼龙材料、金属专色等分类，如图 7-5 所示。可通过查阅彩通色代码，再在软件中输入相关颜色。

图　7-4

图　7-5

4.【色板】面板

这是包含颜色、色调、渐变和图案的功能面板。色板可以单独出现，也可以成组出现，可以打开来自其他 Illustrator 文档和各种颜色系统的色板库。色板库将显示在单独的面板中，不与文档一起存储。【色板】面板和【色板库】面板有不同的颜色和颜色组，可以从现有的色板和库中选择颜色，也可以创建自己的颜色组再导入到库中。

在菜单栏中选择【窗口】→【色板】命令，打开【色板】面板。【色板】面板可控制所有文档的颜色、渐变和图案，可以命名和存储任意颜色以方便随时调用。当选择对象的填充描边包含从【色板】面板应用的颜色、渐变、图案或色调时,这些颜色会在【色板】面板中突出显示,如图 7-6 所示。

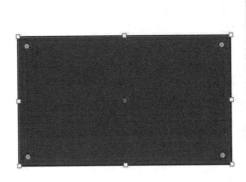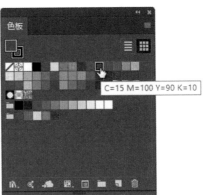

图　7-6

【色板】面板包括以下几种类型的色板。

(1) 印刷色。默认情况下,Illustrator 将色板定义为印刷色显示。

(2) 全局印刷色。当以全局色编辑时,图稿中的全局色会自动更新。所有专色都是全局色。可以根据全局色图标(当面板为列表视图时)或下角的三角形(当面板为缩略图视图时)标识全局色色板。

(3)专色。专色是预先混合并用于代替或补充 CMYK 四色油墨的特殊颜色,可以在【色板】面板中找到预制的专色色板。

(4) 渐变色。渐变色是两种以上颜色的两个以上色调之间的渐变混合。渐变色可以指定为 CMYK 印刷色、RGB 颜色或专色。将渐变色存储到渐变色板中时,会保留应用于渐变色标的透明度。对于椭圆渐变(通过调整径向渐变的长宽比或角度而创建),长宽比和角度值不会储存。

(5) 图案。图案是指带有实色填充或不带填充的重复(拼贴)路径、复合路径和文本。

(6) 套版色。套版色是指 CMYK 四个色值都为 100 的"黑色",也叫四色黑。比如,套准标记裁切线都使用套版色,这样印版可在印刷机上精确对齐。

(7) 颜色组。颜色组可以包含印刷色、专色和全局印刷色,而不能包含图案、渐变色,或套版色色板。可以使用【颜色参考】面板或【编辑颜色】/【重新着色图稿】对话框来创建基于颜色协调的颜色组。将现有色板放入到某个颜色组中,在【色板】面板中选择色板并单击【新建颜色组】图标,可以新建颜色组。

【色板】面板分为两种显示方式:缩略图视图和列表视图。下面以列表视图为例来认识【色板】面板中的图标功能,如图 7-7 所示。

可以自动将选定图稿或文档中的所有颜色添加到【色板】面板。Illustrator 会查找【色板】面板中尚未包含的颜色,将任何印刷色转换为全局色,并将其作为新色板自动添加到【色板】面板中,如图 7-8 所示。

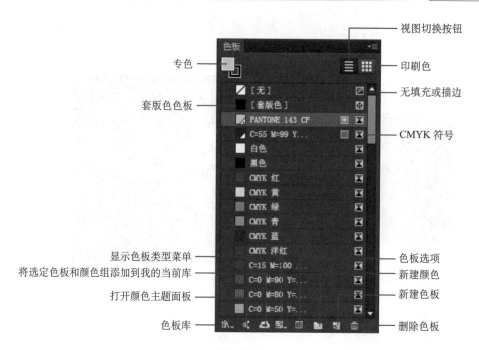

图　7-7

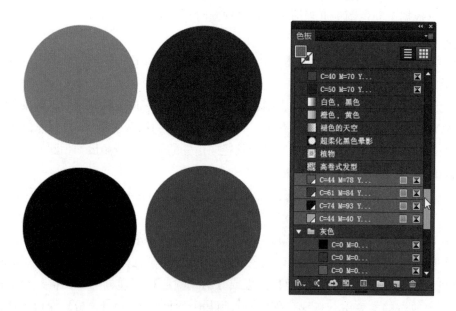

图　7-8

但是，以下几种情况下，颜色将不会添加进【色板】面板：

① 不透明蒙版中的颜色（当未处于不透明蒙版编辑模式中时）；

② 混合中的插值颜色；

③ 图像像素中的颜色；

④ 参考线颜色；

⑤ 复合形状内的不可见对象中的颜色。

（1）添加文档中所有颜色。不选择任何对象，选择【色板】面板，再从面板菜单中选择【添加使用的颜色】命令。

（2）添加选定图稿中的颜色。选择要添加到【色板】面板中的颜色对象，然后从【色板】面板菜单中选择【添加选中的颜色】命令，或在【色板】面板中单击【新建颜色组】按钮。颜色是使用"色相向前"规则排列并存储的。也可直接按住鼠标左键从【工具】面板中的【填色】或【描边色】矩形框中拖拽颜色到【色板】面板中，如图 7-9 所示。

双击现有色板或颜色，或从【色板】面板菜单中选择【新建色板】命令，打开【色板选项】对话框，可进行进一步设置，如图 7-10 所示。部分选项说明如下。

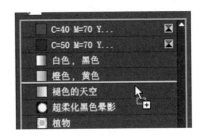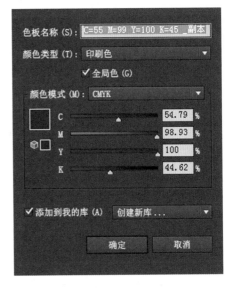

图 7-9

图 7-10

- 色板名称：自定义一个色板名称。
- 颜色类型：指定色板是印刷色还是专色。
- 全局色：创建全局印刷色色板。当需要修改图形中的某种颜色时，可以选中【全局色】选项，那么在画板中的所有相同颜色将一起改变。

🔨 技巧：

如图 7-11 所示，在【色板】面板中找到图中的黄色，双击这个颜色，弹出【色板选项】对话框，调节 CMYK 滑块，改变颜色为橘红色，文档中所有的"黄色"图形也将一起变色。这是非常实用的换色功能，便于把文档中复杂的图形颜色统一校准。

【颜色模式】选项指定色板的颜色模式。选择所需颜色模式后，可以使用颜色滑块调整颜色。如果选择的颜色不是 Web 安全颜色，将显示警告方块，单击方块可转换到最接近的 Web 安全颜色（显示在方块右侧）；如果选择超出色域的颜色，将显示警告三角形，单击三角形可转换为最接近的 CMYK 相似色（显示在三角形右侧）。

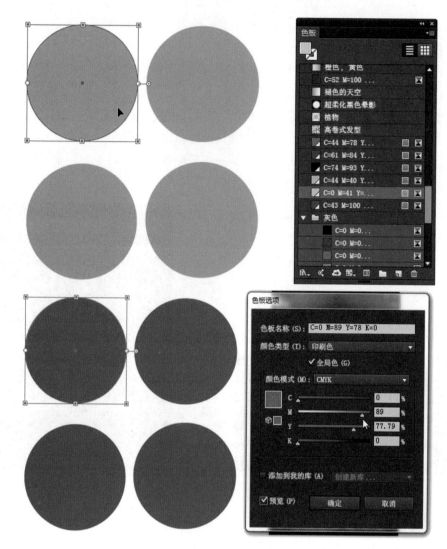

图 7-11

7.2　色彩系统进阶

下面介绍选择颜色的五种方式。

1.【拾色器】对话框

可通过选择【工具】面板中的【拾色器】对话框来选择绘制区域中视觉预览显示的颜色值。要选择对象的填充颜色或描边颜色,也可双击【工具】面板中的填色或描边色矩形框或【颜色】面板,打开【拾色器】对话框选择颜色。

■ 提示:

【拾色器】对话框如图 7-12 所示,左侧为色域矩形框;中间彩色竖条为色谱,上下拖动滑块可以定义色相;右上角小矩形框为新颜色和旧颜色;"#"符号代表十六进制色值,是另一种 RGB 颜色的表示法；Web 颜色是指浏览器支持的显示颜色。

图　7-12

2.【吸管工具】

如图 7-13 所示。选择【工具】面板中【吸管工具】，单击图稿中的颜色，可以来吸取颜色值。

3.【颜色】面板

如图 7-14 所示，可以利用【颜色】面板来配置填充颜色和描边颜色。从【颜色】面板菜单中可以创建当前填充颜色或描边颜色的反色和补色，还可利用选定颜色创建一个色板。

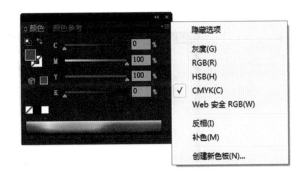

图　7-13　　　　　　　　　图　7-14

📋 提示：

从【颜色】面板菜单中选择【显示选项】命令，或者单击面板选项卡上的双三角形，对显示的大小可以进行循环切换。

要更改颜色模型，从【颜色】面板菜单中选择【灰度】、RGB、HSB、CMYK 或【Web 安全 RGB】命令。这里选择的模式指的是【颜色】面板显示的颜色，并不能更改文档的颜色模式。

使用【颜色】面板选择颜色时可以拖动滑块或单击，也可同时按住 Shift 键并拖动颜色滑块，移动与之关联的其他滑块（HSB 滑块除外），类似色调整，还可以输入指定颜色数值。

如果不想选择任何颜色,则单击颜色条左侧的"无"方框;要选择白色,则单击颜色条右上角的白色色板;要选择黑色,则单击颜色条右下角的黑色色板。

4.【颜色参考】面板

如图 7-15 所示。绘制图稿时可使用【颜色参考】面板作为激发颜色灵感的工具,可以使用淡色和暗色、暖色和冷色或亮色和柔色创建各种颜色变化。可以打开【重新着色图稿】对话框中的颜色组,再使用这些颜色对图稿进行着色,或在【重新着色图稿】对话框中对它们进行编辑,也可以将其存储为【色板】面板中的色板或色板组。

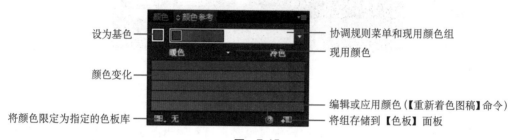

设为基色 —— 　　　　　　　　　　—— 协调规则菜单和现用颜色组
　　　　　　　　　　　　　　　　—— 现用颜色
颜色变化 ——

　　　　　　　　　　　　　　　　—— 编辑或应用颜色（【重新着色图稿】命令）
将颜色限定为指定的色板库 ——　　—— 将组存储到【色板】面板

图　7-15

5.【重新着色图稿】对话框

这是用于精确调整颜色组或图稿中颜色的工具,另一部分则用于通过颜色组中的颜色来重新着色图稿,或减少输出的颜色和转换输出的颜色。选择一个对象,选择【控制】面板,或通过【颜色参考】面板打开【重新着色图稿】对话框,或在菜单栏中选择【编辑】→【编辑颜色】→【重新着色图稿】命令,如图 7-16 所示。

图　7-16

【重新着色图稿】对话框的右侧总是显示当前文档的颜色组,以及两个默认颜色组,即"印刷色"和"灰度"。可以随时选择和使用这些颜色组。

在【编辑】选项卡中创建和编辑颜色组,在【指定】选项卡中指定颜色,从【颜色组】列表中选择颜色组。通过选中对话框底部的【图稿重新着色】选项,可以预览选定图稿上的颜色,并指定是否对图稿重新着色,如图 7-17 所示。

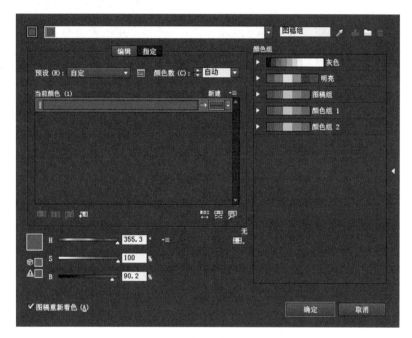

图 7-17

使用【编辑】选项卡创建新颜色组或编辑现有颜色组。使用【协调规则】菜单和色轮对颜色协调效果进行试验,色轮将显示"关联色",同时颜色条可查看和处理各个颜色值,此外,可以调整亮度,添加和删除颜色,存储颜色组以及预览选定图稿上的颜色,如图 7-18 所示。

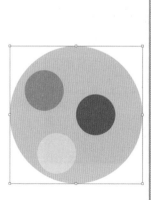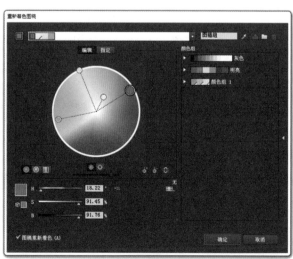

图 7-18

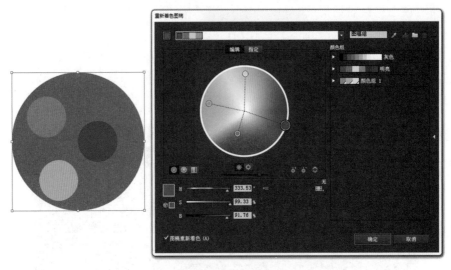

图　7-18（续）

【指定】选项卡可以控制颜色组中的颜色和替换图稿中的旧颜色。可以指定用哪些新颜色来替换当前颜色，是否保留专色以及如何替换颜色。使用【指定】选项卡可以控制如何使用当前颜色组对图稿重新着色或减少当前文档中颜色的数目。

【颜色组】命令可以列出所有存储的【颜色组】。可以使用【颜色组】列表编辑、删除和创建新的颜色组。选定的【颜色组】会指示当前编辑的颜色组，可以选择并编辑任何【颜色组】或使用它对选定图稿重新着色。存储某个颜色组会将该颜色组添加到此列表。

7.3　基础渐变色

使用【渐变】面板创建简单渐变效果。在菜单栏中选择【窗口】→【渐变】命令，或使用【工具】面板的【渐变】工具来创建、应用、修改渐变颜色，如图 7-19 所示。

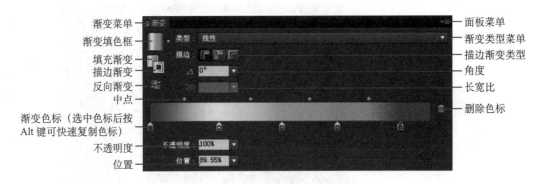

图　7-19

Illustrator 中的渐变颜色是由渐变滑块（渐变批注者）的一系列色标来预览的，由渐变滑块下方的方块标识来标记一种颜色到另一种颜色的转换，这些方块显示了当前指定给每个渐变色标的颜色。使用径向渐变时,最左侧的渐变色标定义了中心点的颜色,并向外逐渐过渡到最右侧渐变色标的颜色。

通过使用【渐变】面板中的选项或者使用【渐变】工具,可以指定颜色的数目和位置、颜色过渡的角度、椭圆渐变的长宽比以及每种颜色的不透明度。

(1) 在【渐变】面板中,如图 7-20 所示,先选择对象,然后单击【渐变填充】框时,选定的对象填色变为渐变填充属性。紧靠此框右侧的是【渐变】菜单,该菜单列出了可供选择的所有默认渐变和已存储渐变。位于列表底部的是【存储渐变】按钮,单击该按钮,可将当前的渐变设置存储为色板。默认情况下,【渐变】面板包含"开始"和"结束"两种颜色,可以单击【渐变】滑块中的任意位置来添加更多"过渡"颜色。双击渐变色标,可打开【渐变色标颜色】面板,如图 7-20 所示,可从【颜色】面板和【色板】面板中选择一种颜色或修改颜色。

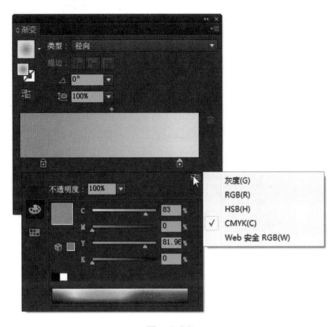

图　7-20

(2) 通过【渐变】工具应用渐变。如图 7-21 所示,选择对象,从【工具】面板中选择【渐变】工具。双击渐变条下方的渐变色标,在出现的面板中选择颜色;也可通过单击左侧的【颜色】或【色板】图标来更改显示的面板,最后在面板外部单击。也可直接将【色板】面板中的颜色直接拖动到渐变条,快速生成渐变填色。

删除渐变色标有两种方法:一是选中要删除的渐变色标,单击【删除色标】按钮;二是按住渐变色标向下拖拽。

要调整两种渐变颜色之间的"过渡"点,可拖动位于渐变条上方的方块图标。

在【渐变】面板中,在渐变类型菜单中可以选择两种渐变类型,一是线性渐变,以直线从起点渐变到终点;二是径向渐变,以圆形图案从起点渐变到终点。如图 7-22 所示。

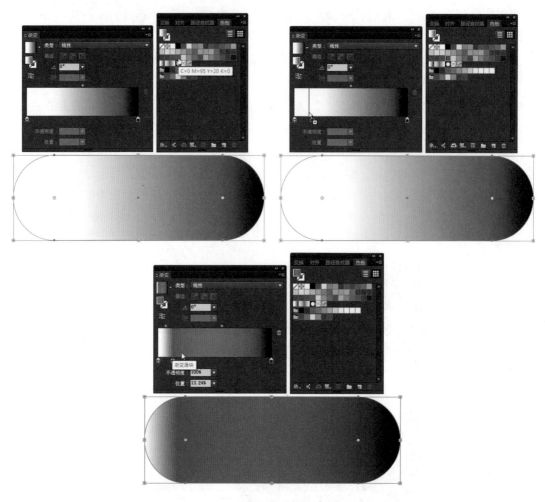

图　7-21

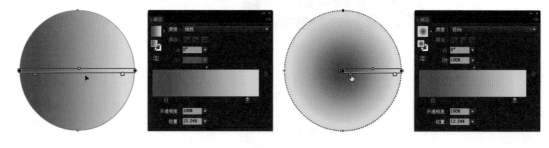

图　7-22

📑 提示：

当类型选择【径向渐变】时，可以拖动【渐变批注者】最左侧小圆点来改变放射起始位置，以产生不同效果。如果要隐藏或显示渐变批注者，则选择【视图】→【隐藏渐变批注者】命令或选择【查看】→【显示渐变批注者】命令。如果对象处于编组或剪切蒙版模式时，【渐变批注者】不会显示，需解组或释放剪切蒙版，如图7-23所示。

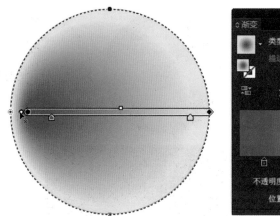

图　7-23

　　渐变效果变化多样,既可以根据灵感和创意来实时配置渐变颜色,又可以根据固定颜色值精确配置。在应用简单渐变效果时需要有耐心,尽可能使用【渐变批注者】来尝试更多的颜色过渡效果。

7.4　高级渐变色

　　创建【渐变网格】对象。网格对象是一种更为高级的渐变效果对象,渐变颜色可以从一点平滑过渡到多点,十分灵活。创建渐变网格对象时,将会有多条网格线交叉穿过对象,形成交叉锚点（网格点）,这让处理为更复杂的渐变效果变为可能。通过移动和编辑网格线上的点,可以更改颜色的变化强度或更改颜色覆盖区域范围。如图 7-24 所示,巴西设计师 Rafael Douglas 的图标设计作品看起来像是三维设计,其实是借助渐变网格完成的矢量图形。

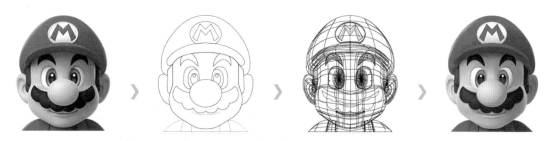

图　7-24

　　【渐变网格】对象的网格点为菱形显示,除了具有锚点的所有属性之外,还有颜色属性,可以添加、删除、编辑网格点,或更改每个网格点的颜色。【渐变网格】对象中的普通锚点(其形状为正方形而非菱形）与 Illustrator 中的其他锚点操作方法相同,可以添加、删除、编辑和移动,也可以单击并拖动方向控制手柄来修改锚点,如图 7-25 所示。

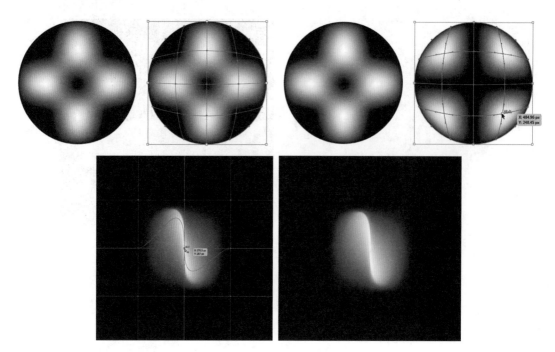

图　7-25

注意：

可以将矢量对象（复合路径和文本对象除外）创建为网格对象，但是无法将链接的图像创建为网格对象。

首先绘制一个矢量对象，然后选择【工具】面板中的【网格工具】，如图 7-26 所示。为该网格点选择填充颜色，在对象上单击第一个网格点，继续单击可添加其他网格点；按住 Shift 键并单击，可添加网格点而不改变当前的填充颜色。

使用规则的网格点图案可以创建渐变网格。选择矢量对象，然后在菜单栏中选择【对象】→【创建渐变网格】命令，打开【创建渐变网格】对话框，如图 7-27 所示。可以设置网格的行数和列数、外观和高光比例，输入白色高光的百分比以应用于渐变网格对象，值为100% 表示可将最大白色高光应用于对象，值为 0 表示不会在对象中应用任何白色高光。

图　7-26

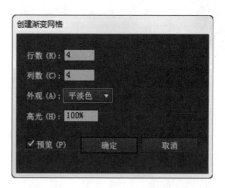

图　7-27

【外观】选项中,平淡色表示在表面上均匀应用对象的原始颜色,从而导致没有高光;至中心表示在对象中心创建高光;至边缘表示在对象边缘创建高光。

可以使用多种方法来编辑网格对象,如添加、删除和移动网格点,更改网格点的颜色等。

选择【网格工具】可添加新网格点,然后为新网格点选择填充颜色;若要删除网格点,按住 Alt 键的同时用【网格工具】单击该网格点,光标出现"减号"标识,单击该点将其删除,如图 7-28 所示;若要移动网格点,请用【网格工具】或【直接选择工具】拖动它,按住 Shift 键并使用【网格工具】拖动网格点,可使该网格点保持在网格线上,如图 7-29 所示。

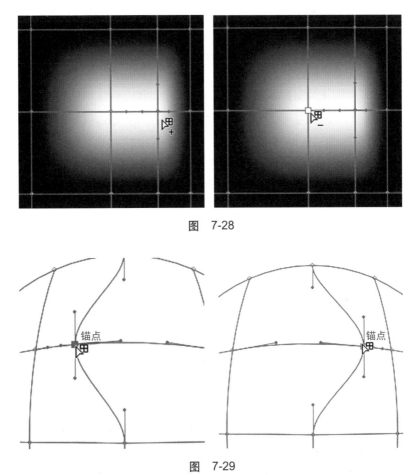

图　7-28

图　7-29

🐱注意:

移动网格点时配合 Shift 键,可以沿网格线准确移动,特别是当网格线是曲线时非常有用。

要更改网格点的颜色,选择对象上的网格点,然后选择【颜色】面板或【色板】面板中的颜色,或使用【吸管工具】吸取一种颜色,如图 7-30 所示。

还可以设置单个网格点的透明度,选择一个或多个网格点,使用【控制面板】或【透明度面板】中的【不透明】滑块设置不透明度,如图 7-31 所示。

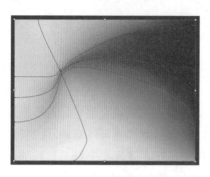

图 7-30   图 7-31

网格绘制技巧如下。

（1）先使用【圆角矩形工具】创建圆角矩形,单击画板空白处,打开【矩形】对话框,选择合适数值,单击【确定】按钮。

（2）选择对象,选择【对象】→【创建渐变网格】命令,再将行数和列数设为2。

（3）选择【效果】→【变形】→【弧形】命令,再适当调整参数,得到带圆角的弧形矩形。

（4）调整内部网格线。使用【网格工具】在图形顶部和底部需要绘制阴影效果的位置添加网格点,可多次尝试对比成品效果和参考样图。

（5）给网格点着色。用【直接选择工具】选择网格点,可按住 Shift 键连续单击,也可框选。再选择一种蓝色并进行着色。

（6）绘制阴影和高光。连续选择高光部分的网格点,在【色板】面板双击刚创建的蓝色,弹出色板选项,调节 CMYK 滑块,选择一种高亮蓝色并确定。阴影部分使用同样的方法选择一种深蓝色。

网格基本完成效果如图 7-32 所示。可放大视图观察图稿是否有瑕疵,如不满意,可使用【网格工具】微调。

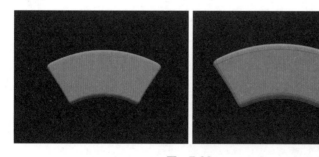

图 7-32

7.5 不透明度

不透明度可应用在以下多种场景中:

（1）降低对象的全部或部分不透明度来使底层的图稿变得可见。

（2）可以使用不透明蒙版来创建不同的透明度。

（3）使用不同的混合模式来更改重叠对象之间颜色的方式。

（4）应用包含透明度的渐变和网格。

（5）应用包含透明度的效果或图形样式。

（6）导入包含透明度的 Photoshop 文件。

在菜单栏中选择【窗口】→【透明度】命令打开【透明度】面板，如图 7-33 所示。可指定对象的不透明度和混合模式，创建不透明蒙版，或者使用透明对象的上层部分来挖空某个对象的一部分。

📑 提示：

在文稿中可以通过查看透明度，了解文稿中是否正在使用透明度以及不同透明度下的效果。在菜单栏中选择【视图】→【显示透明度网格】命令（快捷键 Shift+Ctrl+D），可显示透明度网格。该功能在复杂的排版设计时非常常用，如图 7-34 所示。

图　7-33

图　7-34

可以改变单个对象的不透明度，一个组或图层中所有对象的不透明度，或一个对象的填色或描边的不透明度。选择一个对象或组，然后在【外观】面板中选择填充或描边，或在【透明度】面板中设置【不透明度】选项，并在【透明度】面板中输入不透明度值，即可更改图稿的不透明度。

📇 注意：

如果选择一个图层中的多个对象并改变某些颜色的不透明度，则选定对象重叠区域的透明度会显示出"叠加"的不透明度效果。如图 7-35 所示，第一组对象不透明度为 100%；第二组对象不透明度为 50%，叠加区域颜色互相影响；第三组对象（编组）不透明度为 50%，不具有混合效果。还可以在不透明度图标左侧的混合模式选项中选择一种对象的混合模式。如果要避免出现这种"透明叠加"效果，可以将部分对象编组或将这些对象移动至另一层。

混合模式是指前景对象颜色与背景对象颜色的混合，Illustrator 提供了 16 种混合模式，这些混合模式分为以下六大类。

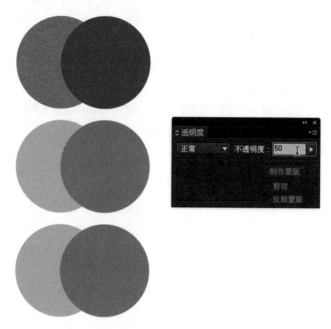

图　7-35

- 一般型：正常。
- 变暗型：减色模式。模拟现实中绘画颜料混合的效果，包括的选项有变暗、正片叠底、颜色加深。
- 变亮型：加色模式。模拟现实中发光体发光的叠加效果，包括的选项有变亮、滤色、颜色减淡。
- 对比型：让亮的颜色更亮，暗的颜色更暗，增加颜色的对比度，包括的选项有叠加、柔光、强光。
- 色差型：混合后出现一定的反向颜色效果，包括的选项有差值、排除。
- 调色型：只使用其中某一种色彩元素的混合色来混合，饱和度和亮度保持不变，包括的选项有色相、饱和度、颜色、明度。

📝 注意：

差值、排除、色相、饱和度、颜色、明度这几种混合模式都不能混合专色。

可以使用【不透明度蒙版】来制作有创意的不透明度效果。可以利用不透明蒙版的形状来显示下层对象。蒙版对象定义了透明区域和透明度，可以将任何着色对象或位图图像作为蒙版对象。Illustrator 使用蒙版对象中颜色的灰度来表示蒙版中的不透明度，如果不透明蒙版为白色，则会完全显示图稿；如果不透明蒙版为黑色，则会隐藏图稿。蒙版中的灰阶会导致图稿中出现渐变透明度效果，如图 7-36 所示。

此时需要"被蒙版图稿"和"蒙版对象"。同时选中两个对象，或者在【图层】面板中定位一个图层，打开【透明度】面板，可从面板菜单中选择【显示选项】命令以查看缩览图。单击制作的蒙版或单击【释放】按钮可释放蒙版，如图 7-37 所示。

图　7-36

图　7-37

🐾 **注意：**

　　【透明度】面板中的缩览图之间会显示一个"锁链"图标，意思是"被蒙版图稿"和"蒙版对象"被链接了。此时移动"被蒙版图稿"时，"蒙版对象"也会随之移动。可以在【透明度】面板中取消蒙版链接，以将蒙版锁定在合适的位置并单独移动被蒙版的图稿，如图 7-38 所示。

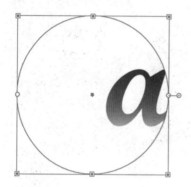

图　7-38

第8章 高级矢量效果

本章将讲解如何运用 Illustrator 中的矢量描摹工具与【效果】菜单进行更为复杂的创意设计工作。

本章要点：

- 矢量描摹
- 矢量 3D 效果
- 矢量变形效果
- 矢量扭曲效果
- 矢量风格化效果
- 矢量绘制实例

8.1 矢量描摹

认识矢量描摹的概念。如果想要将位图图像转化为矢量图形（路径），可使用 Illustrator 中的【实时描摹】命令，Illustrator 通过软件的计算将位图图像的像素颜色转为矢量路径。例如，可以将纸上的手绘稿转换为矢量路径或实时上色对象。

1. 使用【实时描摹】命令转换位图图像

在菜单栏中选择【文件】→【置入】命令，置入一幅位图图像。在【控制】面板中单击【图像描摹】按钮旁的【描摹预设】按钮，选择一种描摹预设。或选择一幅位图图像，在菜单栏中选择【对象】→【图像描摹】→【建立】命令，建立图像描摹，可在【控制】面板中单击【描摹预设】按钮，更改描摹效果，如图8-1所示。

2.【图像描摹】面板的功能

该面板有着丰富的描摹选项，如图8-2所示。

- 【预设】选项：可选的描摹预设。
- 【视图】选项：有5种显示模式，可以观察描摹结果。
- 【模式】选项：选择描摹结果的颜色模式，有彩色、灰度和黑白3种描摹模式。
- 【调板】选项：选择一种色调来描摹。选择【自动】选项时，Illustrator 会自动计算描摹中的颜色，可选择一个色板库名称（色板库必须打开才能显示在【调板】菜单中）。

图 8-1

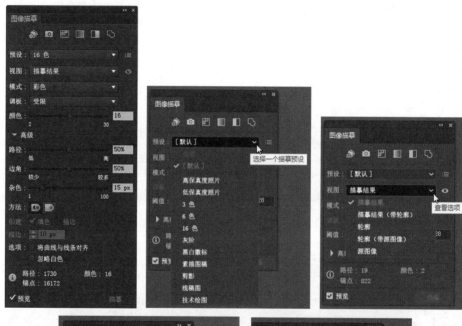

图 8-2

- 【颜色】选项：设置颜色或灰度描摹结果中的最大颜色数。
- 【路径】选项：控制描摹后的路径和原始位图间的差异，数值越高，则创建的路径越复杂；数值越低，则创建的路径越简单。
- 【边角】选项：设置图像中拐角锚点的锐利程度。
- 【杂色】选项：设置描摹结果中杂色的容差值。

📋 提示：

【图像描摹】面板参数很多，在调整时建议选中【预览】选项来观察调整结果。描摹结果生成的速度取决于计算机的 GPU 和 CPU 计算能力的高低，描摹精度较高的位图需要较多的时间。

3. 将描摹结果转换为路径

如果对描摹结果满意，可将描摹结果转换为路径继续编辑。选择描摹对象，单击【控制】面板中的【扩展】按钮；或在菜单栏中选择【对象】→【实时描摹】→【扩展】命令，然后扩展描摹对象，如图 8-3 所示。扩展之后可以继续进行编辑路径的外观或更换颜色等操作。

图　8-3

📋 提示：

列举几种不同描摹预设的效果，如图 8-4 所示。

原图　　　　　　　　　　高保真度照片　　　　　　　　低保真度照片

图　8-4

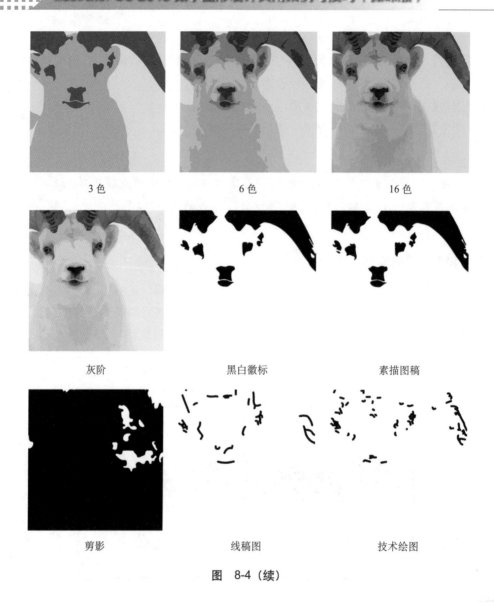

| 3 色 | 6 色 | 16 色 |

| 灰阶 | 黑白徽标 | 素描图稿 |

| 剪影 | 线稿图 | 技术绘图 |

图 8-4（续）

8.2 矢量 3D 效果

Illustrator 中的【效果】菜单有着丰富的高级矢量效果，可以应用于单个对象、组或图层，如图 8-5 所示。

1.【文档栅格效果设置】命令

该命令将矢量对象（或位图）转换为像素对象的效果，如图 8-6 所示。

- 【透明】选项：用于创建一个 Alpha 通道。
- 【消除锯齿】选项：可以优化栅格化图像的锯齿边缘外观（建议选中该选项）。
- 【创建剪切蒙版】选项：创建一个使栅格化图像的背景显示为透明的蒙版。
- 【添加：环绕对象】选项：为栅格化图像添加边缘填充效果。

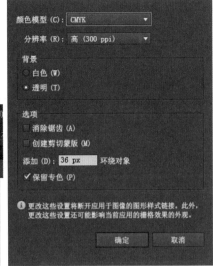

图 8-5　　　　　　　　　　　　　　　　　　图 8-6

2. 3D 命令

用 3D 命令可以在二维（2D）图稿中创建三维（3D）对象，通过高光、阴影、旋转及其他属性来控制 3D 对象的外观。3D 效果属于三维效果，使用起来较为复杂，需对三维空间造型有一定的基础（立体构成和素描基础）。但对于高级图形设计、包装设计、空间效果图设计来说，该效果功能非常强大，需要花一些时间将三种 3D 效果（凸出和斜角、绕转、旋转）多尝试，才能掌握不同类型的效果及各种参数的作用，以便在调节参数时能更好地理解三维空间关系和光照效果。

1）通过【凸出和斜角】命令创建 3D 对象

（1）【凸出和斜角】命令是沿对象的 z 轴（纵深空间轴）凸出拉伸一个 2D 对象，来增加对象的深度，如图 8-7 所示。在菜单栏中选择【效果】→【3D】→【凸出和斜角】命令，可以打开【3D 凸出和斜角选项】对话框进行设置。

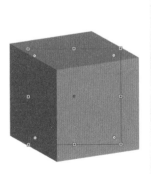

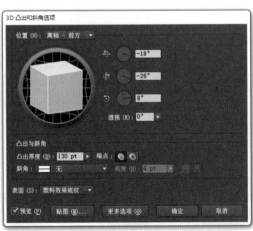

图 8-7

部分选项的作用如下。

- 【位置】选项：设置对象如何旋转以及观看对象的透视角度。
- 【凸出与斜角】选项：确定对象的深度以及向对象添加或从对象剪切的任何斜角的延伸。
- 【斜角】选项：设置倒角的形态。

✎ 技巧：

【斜角】选项中预制了 10 种倒角风格。例如，左侧立方体应用了【经典】选项，右侧立方体应用了【小圆角】选项，如图 8-8 所示。

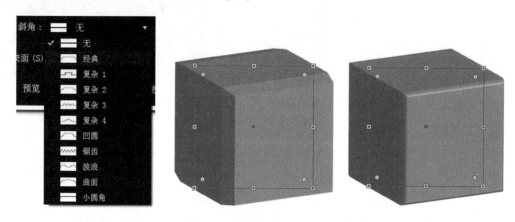

图 8-8

- 【表面】选项：创建各种不同质感的表面，可以是高反射的，也可以是哑光的。下拉列表中有多个选项，其中，"线框"选项值表示绘制对象几何形状的轮廓，并使每个表面透明；"无底纹"选项值表示不向对象添加任何新的表面属性，3D 对象与原始 2D 对象颜色相同；"扩散底纹"选项值表示使对象以一种柔和的方式反射光；"塑料效果底纹"选项值表示使对象以光亮的材质模式反射光。
- 【光照】选项：调整光源照度，改变对象的底纹颜色，还可以围绕对象移动光源以实现生动的效果。
- 【映射】选项：将图稿贴到 3D 对象表面上。

（2）单击【更多选项】按钮，可展开面板获得更多表面效果选项，如图 8-9 所示。

- 【光源强度】选项：用 0 ~ 100% 控制光源强度。
- 【环境光】选项：控制全局照明亮度。
- 【高光强度】选项：控制对象反射光的多少，较低值产生暗淡的表面，而较高值则产生较为光亮的表面。
- 【高光大小】选项：控制高光的大小。
- 【混合步骤】选项：控制对象表面所表现出来的底纹的平滑程度，步骤数越高，所产生的底纹越平滑，路径也越多。
- 【绘制隐藏表面】选项：显示对象的背面。如果对象透明，就能看到对象的背面。

另外,该对话框左侧的"球形光照"示意图中,单击将选定光源后移或前移的按钮可以选择正面或反面光源,还可以单击【新建光源】按钮添加新光源,单击【删除光源】按钮删除选定的光源,如图 8-10 所示。

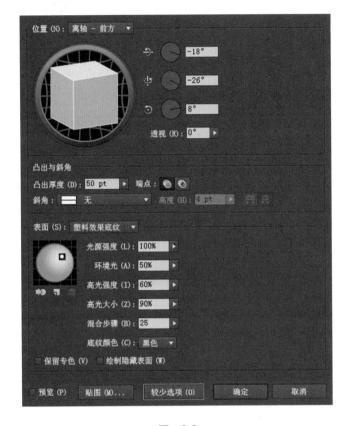

图　8-9

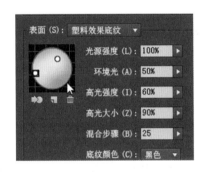

图　8-10

2）通过【绕转】命令创建 3D 对象

通过【绕转】命令创建 3D 对象。【绕转】命令是围绕 y 轴（绕转轴）绕转一条路径或剖面来创建 3D 对象,绕转轴是垂直固定的。在菜单栏中选择【效果】→【3D】→【绕转】命令,创建一个 3D 对象,如图 8-11 所示。

🔨 技巧:

可以将 2D 图稿贴到 3D 对象的每个表面上,类似 3D 贴图效果。只能将【符号】面板中存储的 2D 图稿映射到 3D 对象上,符号可以是任何 Illustrator 图稿对象,其中包括路径、复合路径、文本、栅格图像、网络对象以及对象组。可以将图稿贴到采用了【凸出与斜角】和【绕转】效果的 3D 对象上。

🖌 图稿映射的操作步骤如下。

（1）先创建一个被贴图对象,然后在【符号】面板打开快捷菜单,选择【新建符号】命令,新建一个自定义符号,如图 8-12 所示。

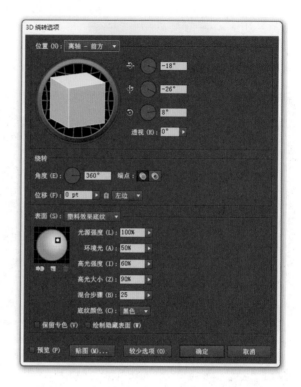

图 8-11

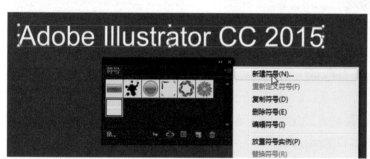
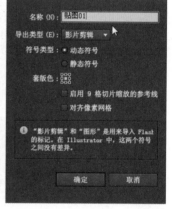

图 8-12

（2）选择一个 3D 对象，在【外观】面板中单击【3D 凸出和斜角】效果层或【3D 绕转】效果层。单击【贴图】按钮，从【符号】面板中找到刚才新建的符号，选择呈现的表面，单击【确定】按钮，如图 8-13 所示。

（3）可见的表面上会显示一片浅灰色标记，被遮住的表面上则会显示一片深灰色标记。当在对话框中选中了一个表面后，可以移动符号贴图来适配表面效果。可以选择【三维模型不可见】选项，只显示所贴图稿而不显示 3D 模型，如图 8-14 所示。

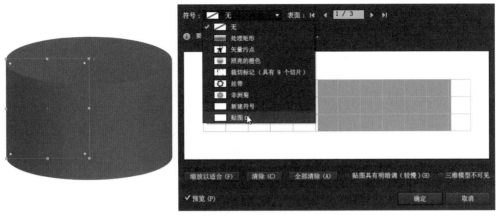

图　8-13

图　8-14

3）通过【3D 旋转】命令创建 3D 对象

可以在三维空间中旋转对象，用于制作具有三维透视效果的面。

- 【位置】选项：设置对象旋转的方式，以及观看对象的透视角度，也可以直接拖动左侧立方体"自定旋转"方式，如图 8-15 所示。

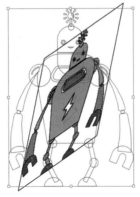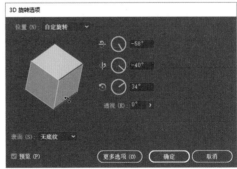

图　8-15

- 【表面】选项：创建无底纹和扩散底纹的表面。当从下拉列表中选择"扩散底纹"选项时，可调节表面光源效果，如图 8-16 所示。

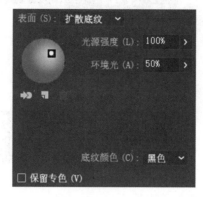

图　8-16

8.3　矢量变形效果

1. 通过【效果】菜单应用变形效果

Illustrator 中的【变形】效果分为 4 大类共 15 种变形效果。以弧形变形效果为例，在菜单栏中选择【效果】→【变形】→【弧形】命令，在【变形选项】对话框中选择"弧形"。可以勾选【预览】选项实时预览调节效果，如图 8-17 所示。

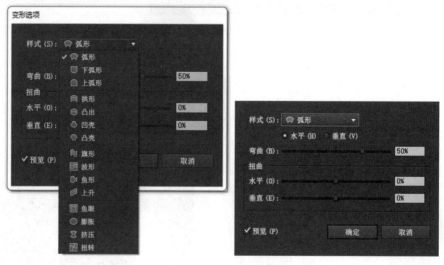

图　8-17

- 【弯曲度】选项：数值为 -100% ～ 100%，负值为反向弯曲，正值为正向弯曲。
- 【水平】选项和【垂直】选项：数值为 -100% ～ 100%。【水平】选项的负值表示向左水平扭曲，正值表示向右水平扭曲；【垂直】选项的负值表示向上垂直扭曲，正值表示向下垂直扭曲。

技巧:

(1) 绘制一个红色圆形,在菜单栏中选择【效果】→【变形】→【弧形】命令,在打开的对话框中选择【水平】方向,【弯曲】选项设为 100%,如图 8-18 所示。

(2) 绘制一个红色圆形,在菜单栏中选择【效果】→【变形】→【弧形】命令,在打开的对话框中选择【水平】方向,【弯曲】选项设为 0,【水平】选项设为 100%,如图 8-19 所示。

(3) 绘制一个红色圆形,在菜单栏中选择【效果】→【变形】→【弧形】命令,在打开的对话框中选择【水平】方向,【弯曲】选项设为 0,【水平】选项设为 0,【垂直】选项设为 100%,如图 8-20 所示。

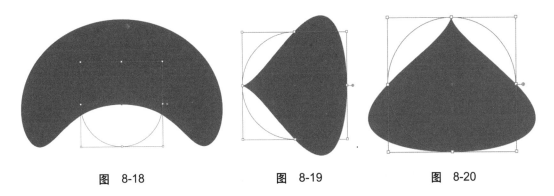

图 8-18   图 8-19   图 8-20

2. 在【外观】面板中添加效果与修改效果的方法

1) 添加效果

选择对象或组,单击【外观】面板中的【添加新效果】按钮,然后选择一种效果。向对象应用一个效果后,这个效果会显示在【外观】面板中,并可以编辑、移动、复制、删除该效果,如图 8-21 所示。

2) 修改或删除效果

在【外观】面板中,选择已使用效果的对象或组,单击带下划线的名称,在效果的对话框中进行修改,也可以单击【删除所选项目】按钮来删除效果。

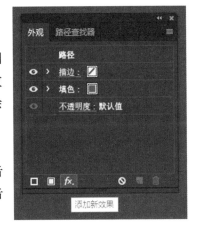

图 8-21

8.4 矢量扭曲效果

1. 扭曲与变换效果

Illustrator 中的矢量扭曲效果是设计高级和复杂图形时的常用效果命令。在菜单栏中选择【效果】→【扭曲和变换】命令,然后选择一种扭曲命令。

- 【变换】选项:通过调整大小、移动、旋转、镜像(翻转)和复制的方法来改变对象形状。

- 【扭拧】选项：随机地向内或向外弯曲和扭曲路径段。
- 【扭转】选项：顺时针（正值）和逆时针（负值）扭转对象；中心的旋转程度比边缘的旋转幅度大。
- 【收缩和膨胀】选项：收缩时向外拉出矢量对象的锚点；膨胀时向内拉入锚点。
- 【波纹效果】选项：将对象的路径段变换为同样大小的波浪或尖角效果。
- 【粗糙化】选项：将矢量对象的路径段变形为各种大小的褶皱或锯齿效果。
- 【自由扭曲】选项：拖动四个角落任意控制点，可任意改变矢量对象的形状。

📑 提示：

列举几种【扭曲和变换】效果，如图 8-22 所示。

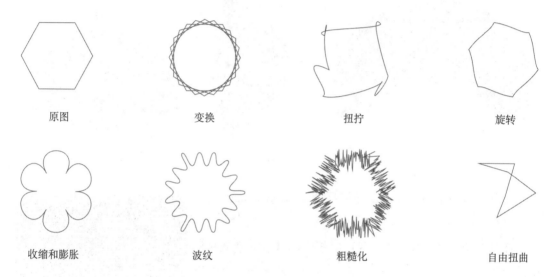

| 原图 | 变换 | 扭拧 | 旋转 |

| 收缩和膨胀 | 波纹 | 粗糙化 | 自由扭曲 |

图 8-22

2. 使用【封套扭曲】命令制作扭曲效果

【封套扭曲】命令与前文中提到的【扭曲和变换】效果不同，是对选定对象进行扭曲变换的一种高级全局扭曲工具。除图表、参考线或链接对象以外，可以在任何对象上使用【封套扭曲】选项，如图 8-23 所示。主要有以下三种封套扭曲方式。

1）【用变形建立】选项

选择一个或多个对象，在菜单栏中选择【对象】→【封套扭曲】→【用变形建立】选项，在【变形选项】对话框中选择一种变形样式并设置选项。

2）【用网格建立】选项

在菜单栏中选择【对象】→【封套扭曲】→【用网格建立】选项，在【封套网格】对话框中设置行数和列数。

3）【用顶层对象建立】选项

先绘制一个参照对象（路径），使用【图层】面板或【排列】选项将参照对象向上层排列，确保参照对象的堆栈顺序在所选对象之上。在菜单栏中选择【对象】→【封套扭曲】→

【用顶层对象建立】选项,建立形状扭曲效果,图像被扭曲在一个六边形中,如图 8-24 所示。

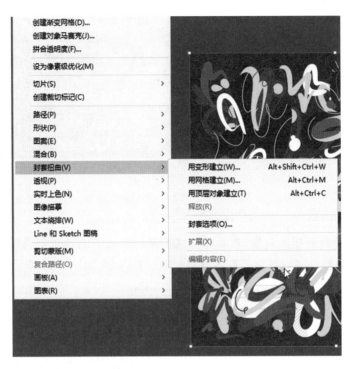

图　8-23

图　8-24

📑 提示:

(1) 排列对象的操作技巧有:在对象上右击,从【排列】选项中选择一种子选项; 或在【图层】面板中选择要排列的对象,用鼠标向上或向下拖动。

(2) 使用【直接选择】或【网格】工具拖动封套上的任意锚点,改变封套的形状,如 图 8-25 所示。使用【网格】工具在网格上单击来添加锚点。按 Delete 键可以删除网格上 的锚点。

图 8-25

3. 用【封套扭曲选项】来选择扭曲图稿的形式

首先选择一个封套扭曲对象，然后单击【控制】面板中的【封套选项】按钮或者在菜单栏中选择【对象】→【封套扭曲】→【封套选项】选项，如图 8-26 所示。

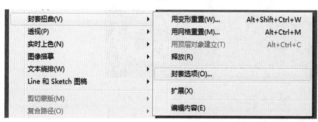

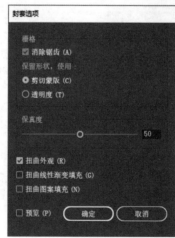

图 8-26

- 【消除锯齿】选项：可消除锯齿并增加栅格图像的平滑度。
- 【剪切蒙版】选项：在栅格图像上使用剪切蒙版，或选择【透明度】选项对栅格添加 Alpha 通道。
- 【保真度】选项：使对象适合封套的精确程度，数值越高则精度越高。
- 【扭曲外观】选项：将对象的形状与外观效果一起扭曲。

- 【扭曲线性渐变填充】选项：将对象的形状与线性渐变一起扭曲。
- 【扭曲图案填充】选项：将对象的形状与其图案属性一起扭曲。

8.5 矢量风格化效果

Illustrator 中的【风格化效果组】是用来实现一些类似位图图像艺术效果的高级矢量效果命令。

1.【内发光】命令

选择一个对象或组,在菜单栏中选择【效果】→【风格化】→【内发光】命令,可以建立内发光效果。单击【预览】选项可以预览效果。选择一种发光颜色后,如图 8-27 所示。

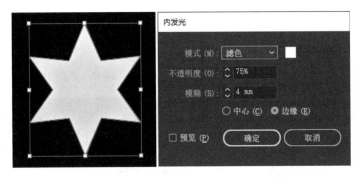

图　8-27

- 【模式】选项：选择发光的混合模式。
- 【不透明度】选项：发光显现的不透明度百分比。
- 【模糊】选项：指定要进行模糊处理之处到选区中心或选区边缘的距离。
- 【中心】选项：从选区向外发散的发光效果（仅适用于内发光）。
- 【边缘】选项：从选区内部边缘向外发散的发光效果（仅适用于内发光）。

📑提示：

（1）如果对内发光效果的对象使用【扩展外观】命令,取消编组后呈现一个椭圆对象和一个不透明蒙版对象,如图 8-28 所示。

内发光对象　　　　椭圆对象　　　　不透明蒙版对象

图　8-28

（2）如果对使用外发光效果的对象使用【扩展外观】命令,取消编组后外发光对象会呈现一个椭圆对象和一个透明的位图对象,如图8-29所示。

外发光对象　　　　　椭圆对象　　　　　透明位图对象

图　8-29

2.【圆角】命令

【圆角】命令是将对象的边角变为圆角,在菜单栏选择【效果】→【风格化】→【圆角】命令,在打开的对话框【半径】文本框中输入圆滑曲线的曲率,如图8-30所示。

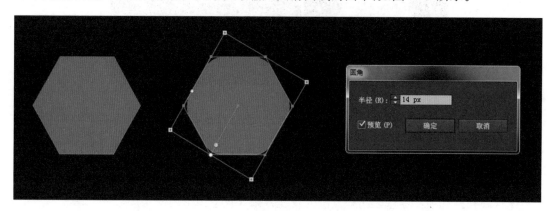

图　8-30

3.【投影】命令

选择一个对象或组,在菜单栏中选择【效果】→【风格化】→【投影】命令,在对话框中设置投影的选项并单击【确定】按钮,如图8-31所示。

- 【模式】选项:指定投影的混合模式。
- 【不透明度】选项:设定所需的投影不透明度百分比。
- 【X位移】和【Y位移】选项:设定投影偏离对象的距离。
- 【模糊】选项:设定投影的模糊羽化大小。
- 【颜色】选项:设定投影的颜色。
- 【暗度】选项:投影的黑色深度百分比。在CMYK文档中,数值设为100%,会创建纯黑投影;数值设为0,会创建一种与所选对象颜色相同的投影,如图8-32所示。

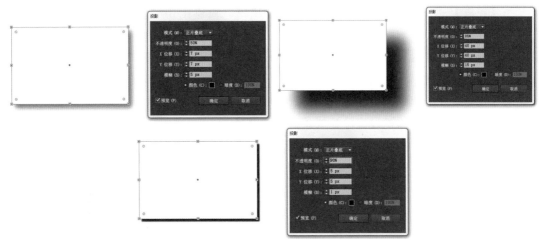

图 8-31

图 8-32

4.【涂抹】命令

选择对象或组,在菜单栏中选择【效果】→【风格化】→【涂抹】命令,在对话框【设置】选项中使用预设的涂抹效果。以【缠结】选项为例,效果如图 8-33 所示。

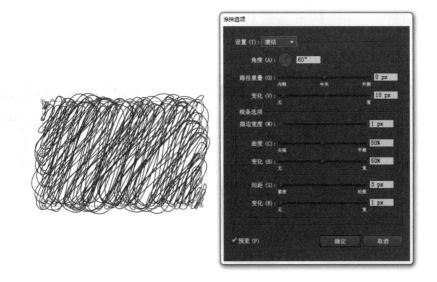

图 8-33

- 【角度】选项：控制涂抹线条的方向和角度。可以单击角度旋钮或在框中输入角度值。
- 【路径重叠】选项：控制涂抹线条在路径边界内部的数量或在路径边界外部的数量。负值将涂抹线条控制在路径边界内部，正值则将涂抹线条控制在路径边界外部。
- 【变化（路径重叠）】选项：控制涂抹线条之间的长度。
- 【描边宽度】选项：设定涂抹线条的描边宽度。
- 【曲度】选项：控制涂抹线条的曲度，如图 8-34 所示。

 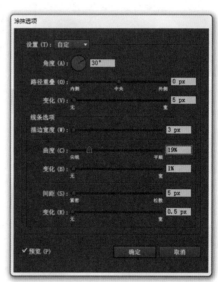

图　8-34

- 【变化（曲度）】选项：调整涂抹曲线之间的曲度差异。
- 【间距】选项：涂抹线条之间的折叠间距量。
- 【变化（适用于间距）】选项：控制涂抹线条之间的折叠间距。

设计"手绘涂鸦"文字的操作步骤如下。

（1）在画板上输入文字，并选择一个合适的字体，如图 8-35 所示。

（2）在工具栏中关闭颜色填充，并在【外观】面板中添加新填色，如图 8-36 所示。

（3）选择新填色，并在【外观】面板快捷菜单中选择【添加新效果】命令，再在菜单栏中选择【效果】→【风格化】→【涂抹】命令，并调整选项值，如图 8-37 所示。

图　8-35

（4）可以将填色效果多复制几层并更换颜色，增加层次感和变化，文字内容也可实时修改，如图 8-38 所示。

图　8-36

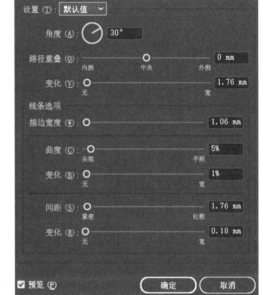

图　8-37

图　8-38

5.【羽化】命令

使对象边缘产生羽化的效果。选择对象或组，在菜单栏中选择【效果】→【风格化】→
【羽化】命令，在对话框中设置羽化半径数值并单击【确定】按钮，如图 8-39 所示。

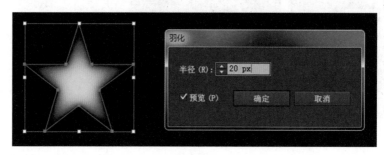

图　8-39

8.6　矢量绘制实例

本节将结合 5 个矢量绘制实例讲述具体的矢量图形绘制过程与技巧。

1. 矢量图形的基本绘制

本例主要演示在 Illustrator 中矢量图形的基本绘制技巧，如图 8-40 所示。
结合的绘制工具和命令有【矩形工具】、【椭圆工具】、【描边效果】、【对齐】、
【路径查找器】命令和【扩展】命令。具体操作演示请参考微课视频。

绘制实例 1.mp4

图　8-40

2. 矢量插图的绘制

本例主要演示在 Illustrator 中矢量插图的具体绘制技巧与方法，如图 8-41
所示。结合的绘制工具和命令有【椭圆工具】、【自定义描边宽度效果】、【宽
度工具】、【钢笔工具】、【形状工具】、【渐变工具】、【路径查找器】命令和【扩
展】命令，将参考位图绘制出一幅矢量插图。具体操作演示请参考微课视频。

绘制实例 2.mp4

图 8-41

3. 无缝矢量纹样的绘制

本例主要演示在 Illustrator 中无缝矢量纹样的具体绘制技巧与方法，如图 8-42 所示。结合的绘制工具和命令有【椭圆工具】、【智能参考线】、【形状工具】、【路径查找器】、【色板面板】、【自定义图案】命令和【扩展】命令。具体操作演示请参考微课视频。

绘制实例 3.mp4

 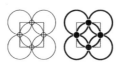 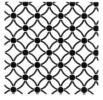

 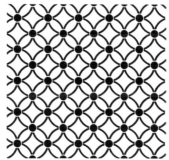

图 8-42

4. 颗粒质感艺术效果的设置

本例主要演示在 Illustrator 中颗粒质感艺术效果的设置技巧与方法，如图 8-43 所示。结合的绘制工具和命令有【椭圆工具】、【颗粒效果】、【渐变工具】、【透明度蒙版】、【画笔工具】、【自定义散点画笔工具】和【内部绘图模式】。结合这些工具和命令创建两种噪点颗粒艺术效果。具体操作演示请参考微课视频。

绘制实例 4.mp4

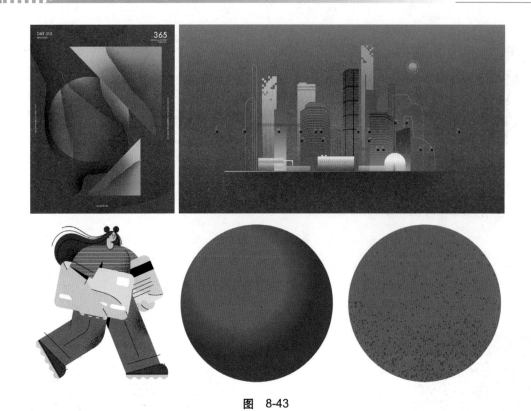

图　8-43

5. 扭曲和变换效果的灵活使用

本例主要演示在 Illustrator 中高级扭曲和变换效果的灵活使用技巧，如图 8-44 所示。结合的绘制工具和命令有【椭圆工具】（等几何绘图工具）、【扭曲和变换效果】（变换效果）、【宽度变量描边】、【波纹效果】、【外观面板】、【径向渐变】效果和【收缩和膨胀】效果。结合这些命令创建多种重复曲线抽象图形。具体操作演示请参考微课视频。

绘制实例 5.mp4

图　8-44

第9章 文字设计

本章将学习 Illustrator 中的文字设计的相关工具与操作技巧,为第11章的版面设计学习打下基础。本章内容是矢量设计工作中十分重要的组成部分,也是必须要掌握的内容。

本章要点:

- 创建文本
- 文本设计
- 字体基础
- 西文字体
- 艺术字体
- 中文字体

9.1 创建文本

1. 在 Illustrator 中创建普通文本

从单击文本行所需的起始位置,开始输入或复制文本,每行文本都是独立的,文本行将伸长或缩短而不会换行。如果文字较少可使用此方法。选择【文字工具】或【直排文字工具】,鼠标指针会变成一个四周围绕着虚线框的文字插入指针,靠近插入文字基线时,指针四周虚线框消失,可单击插入文字,如图 9-1 所示。

n, explarn, exp

图 9-1

提示:

输入文本时,建议先在软件外部将文字整理完毕,采用复制、粘贴的方法将文字输入;按 Enter 键可在同一文字对象中换行。

2. 从外部导入文本

（1）在菜单栏中选择【文件】→【打开】命令，在对话框中选择磁盘中的文本文件，然后单击【打开】按钮。

（2）也可将文本置入到文档中。在菜单栏中选择【文件】→【置入】命令，选择要导入的文本文件，然后单击【置入】命令，并拖动鼠标创建文本区域。

（3）也可以在软件外复制文本（快捷键 Ctrl+C），再回到 Illustrator 中进行粘贴（快捷键 Ctrl+V），粘贴前需在 Illustrator 中创建一个文本区域。

3. 从其他外部应用程序导入文本

除了直接在画板内粘贴外部文本外，还可以导入其他应用程序创建的文本到图稿中，Illustrator 支持的格式有：

（1）用于 Windows 下多个版本的 Word 文本格式。

（2）用于 RTF（rich text format，即多文本格式，是一种类似 Word 文档的 doc 格式，有很好的兼容性）格式等。还可以在导入纯文本文件的文本时，设置编码和格式选项。

4. 导出文本

使用【文字工具】选择要导出的文本，在菜单栏中选择【文件】→【导出为】命令，在打开的对话框中选择文本格式（txt）作为文件格式并选择一种【平台】和【编码方法】，然后单击【导出】按钮。

5. 在 Illustrator 中创建【区域文本】

【区域文本】也叫段落文字，利用定界框来控制文本排列，当文本快到达边界时会自动换行而不会超出区域外。该方式适合创建一个或多个段落文本，区域文字可使大量文本保持有序、美观，如图 9-2 所示。

图 9-2

6. 绘制【区域文本】形状区域

（1）选择【文字工具】或【直排文字工具】，然后在画板上单击后拖动鼠标，定义矩形的【区域文本】。

（2）利用绘图工具绘制路径，定义【区域文本】区域形状。绘制好文字区域后，选择【文字工具】、【直排文字工具】、【区域文字工具】或【直排区域文字工具】，如图 9-3 所示，然后单击对象路径上的任意位置来输入文字。再在【控制】面板、【字符】面板或【段落】面板中设置文本格式。

7. 调整【区域文本】区域形状

选择【区域文字工具】，拖动所选区域中的对象和文字，使用【选择工具】或【图层】面板选择文字对象，然后拖动定界框上的手柄。再使用【直接选择工具】选择文字路径的边缘或角，接着拖动调整路径的形状，如图 9-4 所示。

图　9-3

图　9-4

📑 提示：

可以在菜单栏中选择【视图】→【轮廓】命令，利用轮廓视图观察。使用【直接选择工具】调整区域文字十分方便。

8. 调整溢出的文本

每个区域文字对象都包含输入连接点和输出连接点，如果输入的文本超出【区域文本】形状区域，那么定界框底部位置会出现红色内含加号（+）小方块，可以通过【选择工具】拖动定界框来调整【区域文本】区域形状的大小，以便显示溢出的文本，如图 9-5 所示。

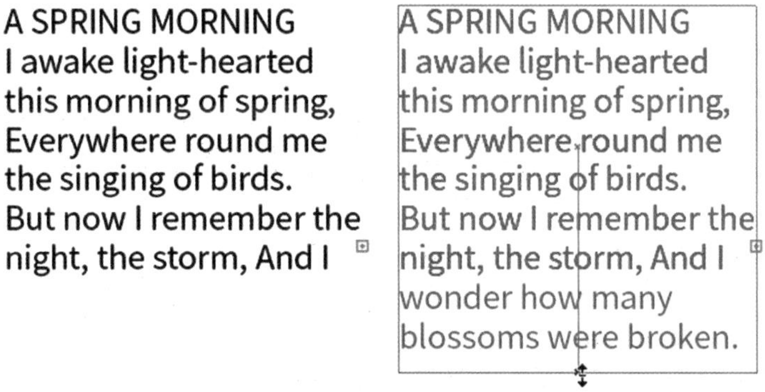

图　9-5

9. 串接文本

当文字较多需要分列排版时，可以将多出的文本串接到另一个区域文字对象中。定界框显示空连接点表示对象尚未链接，箭头连接点表示对象已链接到另一个对象，如图 9-6 所示。

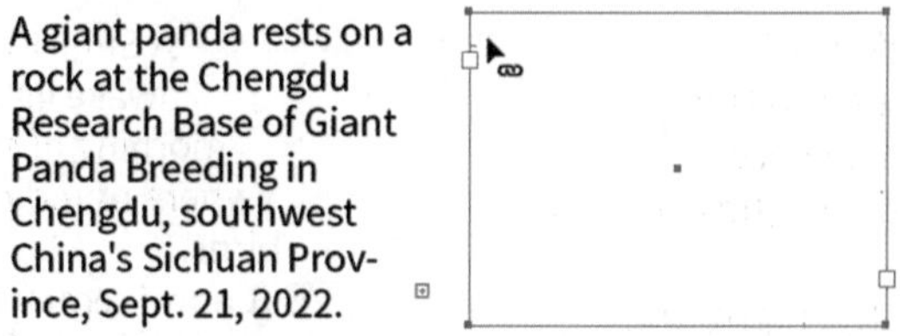

A giant panda rests on a rock at the Chengdu Research Base of Giant Panda Breeding in Chengdu, southwest China's Sichuan Province, Sept. 21, 2022.

(a)

A giant panda rests on a rock at the Chengdu Research Base of Giant Panda Breeding in Chengdu, southwest China's Sichuan Province, Sept. 21, 2022.

After a half-month closure, the Chengdu Research Base of Giant Panda Breeding reopened to the public on Wednesday.

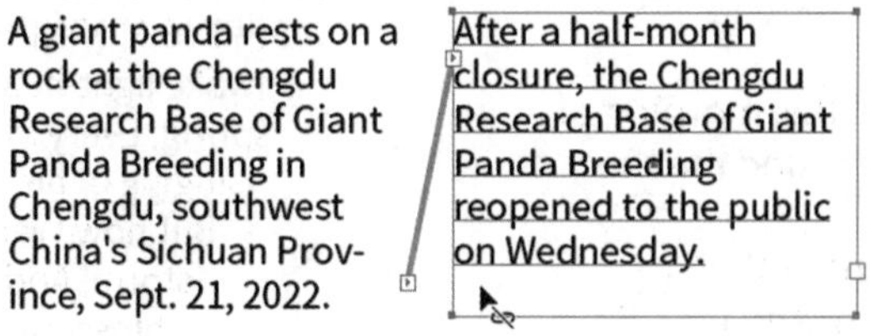

(b)

图　9-6

🔨 技巧：

（1）使用【选择工具】选择一个【区域文字】对象，单击所选文字对象的输入连接点或输出连接点。光标会变成已加载文本的图标，然后在画板上的空白部分单击或拖动鼠标。单击操作会创建与原始对象具有相同大小和形状的对象，而拖动鼠标操作可创建任意大小的矩形对象。

（2）在对象之间串接文本。选择一个【区域文字】对象，选择要串接到的一个或多个对象（可复制多个一样的文字区域），然后在菜单栏中选择【文字】→【串接文本】→【创建】命令，该方法能快速地将文本进行"分栏"式排版，在编排大段跨页或分栏的文字，以及要删除或添加少量新字符时十分便捷，如图 9-7 所示。

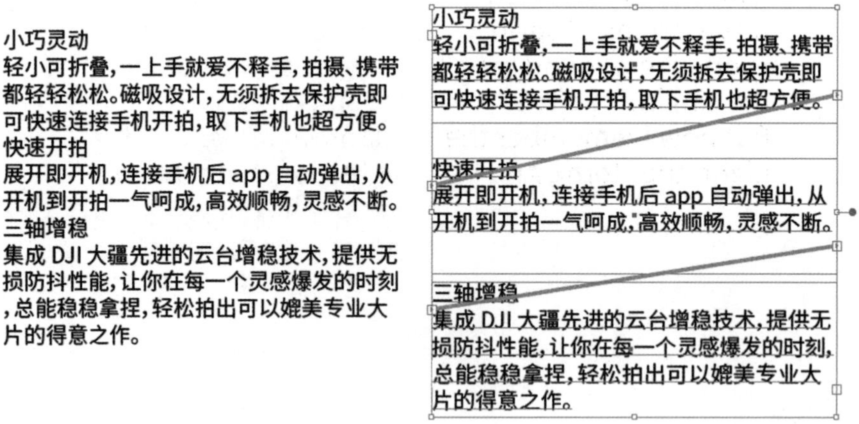

小巧灵动
轻小可折叠，一上手就爱不释手，拍摄、携带都轻轻松松。磁吸设计，无须拆去保护壳即可快速连接手机开拍，取下手机也超方便。
快速开拍
展开即开机，连接手机后 app 自动弹出，从开机到开拍一气呵成，高效顺畅，灵感不断。
三轴增稳
集成 DJI 大疆先进的云台增稳技术，提供无损防抖性能，让你在每一个灵感爆发的时刻，总能稳稳拿捏，轻松拍出可以媲美专业大片的得意之作。

小巧灵动
轻小可折叠，一上手就爱不释手，拍摄、携带都轻轻松松。磁吸设计，无须拆去保护壳即可快速连接手机开拍，取下手机也超方便。
快速开拍
展开即开机，连接手机后 app 自动弹出，从开机到开拍一气呵成，高效顺畅，灵感不断。
三轴增稳
集成 DJI 大疆先进的云台增稳技术，提供无损防抖性能，让你在每一个灵感爆发的时刻，总能稳稳拿捏，轻松拍出可以媲美专业大片的得意之作。

图　9-7

（3）删除文本串接。选择链接的文字对象，双击串接任一端的连接点；或在菜单栏中选择【文字】→【串接文本】→【释放所选文字】命令，释放文本串接对象。

（4）中断文本串接。在菜单栏中选择【文字】→【串接文本】→【移去串接】命令，可以删除所有串接,文本将保留在原位置。

　📎 **注意:**

编辑串接文本时,查看串接文本区域非常有必要,可在菜单栏中选择【视图】→【显示文本串接或隐藏】命令（快捷键 Ctrl+Shift+Y）。

10. 利用【区域文字选项】命令创建多行文本和多列文本

该功能可快速编排大量文字内容,将文本按行和列精确编排,如图 9-8 所示。选择【区域文字】对象,在菜单栏中选择【文字】→【区域文字选项】命令,在对话框的"行"和"列"部分设置下列选项。

- 【数量】选项:区域文字包含的行数和列数。
- 【跨距】选项:区域文字的单行高度和单列宽度。
- 【固定】选项:选中此选项后,如果调整区域大小,只会改变行数和栏数,而不会改变其高度和宽度。
- 【间距】选项:行间距或列间距。
- 【文本排列】选项:确定行和列间的文本排列方式是按"行"还是按"列"。

图　9-8

11. 更改【区域文字】的内边距

在使用【区域文字】对象时,可以控制文本和边框路径之间的内边距。选择【区域文字】对象,在菜单栏中选择【文字】→【区域文字选项】命令,在【内边距】选项中设定数值,单击【确定】按钮,如图 9-9 所示。

12. 升高或降低【区域文字】对象中的【首行基线】

(1) 在使用【区域文字】对象时,可以控制第一行文本与对象顶部的对齐方式。可以使文字紧贴文本界定框顶部,也可从顶部向下移动特定的距离,当编排大量【区域文字】对象时会十分灵活,有利于控制每段之间的空间大小。

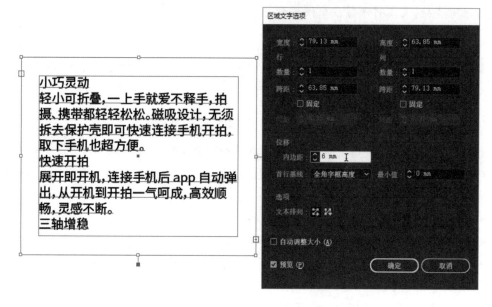

图　9-9

（2）【首行基线】也叫【基线偏移】，可以使用【基线偏移】相对于周围文本的基线上下移动所选字符。选择要更改的字符或文字对象，在【字符】面板中设置【基线偏移】选项，输入正值会将字符的基线移到文字行基线的上方，输入负值则会将基线移到文字基线的下方。也可在【最小值】文本框中指定一个自定义的基线位移的值。

📑 提示：

下面列举了不同选项的基线偏移效果，如图 9-10 所示。

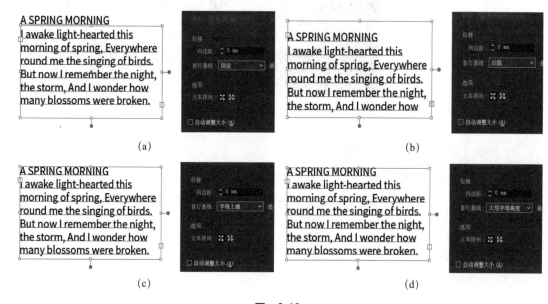

图　9-10

(e)   (f)

(g)

图 9-10（续）

【字母上缘】选项：字符 d 的高度降到文字定界框下方。

【大写字母高度】选项：大写字母的顶部对齐文字界定框顶部。

【行距】选项：以行距值作为文本首行基线和文字界定框顶部之间的距离。

【x 高度】选项：字符"x 高度"降到文字定界框顶部下方。

【全角字框高度】选项：亚洲字体中全角字框的顶部对齐文字定界框的顶部。

【固定】选项：在"最小值"框中指定文本首行基线与文字定界框顶部之间的距离。

【旧版】选项：使用 Adobe Illustrator 10 或更早版本中使用的第一个基线默认值。

13. 理解 "x 字高"

在西文字体排版规则中，"x 字高"是指一种字体中小写的高度，字母 x 没有上下延伸部分，也就是基线和主线之间的距离。

📑 提示：

（1）基线（baseline）：大写字母 H 或小写字母 n 底部的对齐线，有点像英语练字本中的第三条横线，所有的西文字体都以这条线为基准来排列。O、v、w 等字母会稍微超出基线一点，目的是在视觉上保持基线平衡。

（2）大写字高（cap height）：cap 是 capital 的简称，是指 H 或 G 等大写字母从基线到顶部的高度，最上方的这条线也叫大写线。O 和 A 等字母顶部可能会超过大写线一些，为了使字母大小在视觉上统一。

（3）升部（ascender）：一些小写字母的字高比 x 字高要大，例如，小写字母 b、d、f、h、k、l 会有向上的延伸，称为升部。升部顶部的对齐线为升部线。一些罗马体的升部线可能会比大写线高一些，这是为了区分某些字母，比如大写的 I（i 的大写）和小写的 l（L 的小写）。

（4）降部（descender）：小写字母 g、j、p、q、y 中从基线向下延伸的部分称为降部。在文字编排时，上下错落有致的文字看起来很有节奏感，也更有助于阅读。不要把降部与其他字母对齐，真正的对齐线是文字基线。

（5）x 字高和字母主字高的比例是考查一个字体设计造型的重要因素，如图 9-11 所示。

图　9-11

14. 认识【路径文字】

【路径文字】是指沿着开放或封闭的路径排列的文字，如图 9-12 所示。此时的路径就相当于文字基线。当输入水平方向文本时，字符的排列平行于基线；当输入竖排文本时，字符的排列垂直于基线。

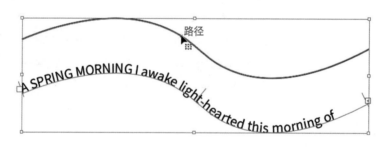

图　9-12

（1）创建路径文字。选择【文字工具】或【路径文字工具】，在路径上输入文本。如果路径为封闭路径，则必须使用【路径文字工具】。选择【直排文字工具】或【直排路径文字工具】，沿路径创建直排文本。也可以在【控制】面板、【字符】面板或【段落】面板中设置文本格式选项。

（2）沿路径移动文本。选择【路径文字】对象，将指针置于文字的中点标记上，直至指针旁边出现一个小图标，沿路径拖动标记，按住 Ctrl 键以防止文字翻转到路径的另一侧。

（3）沿路径翻转文本的方向。选择【路径文字】对象，将指针置于文字的中点标记上，直至指针旁边出现一个小图标，拖动标记使其越过路径。也可在菜单栏中选择【文字】→【路径文字】→【路径文字选项】命令，在打开对话框中选择【翻转】选项，然后单击【确定】按钮，翻转前后效果对比如图 9-13 所示。

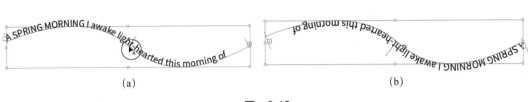

(a)   (b)

图　9-13

提示：

要在不改变文字方向的情况下将文字翻转到路径的另一侧,可使用【字符】面板中的【基线偏移】选项,在该选项中输入负值。

(4) 对路径文字应用效果。运用该效果可以沿路径扭曲字符方向。选择【路径文字】对象,在菜单栏中选择【文字】→【路径文字】命令,然后从子菜单中选择一种效果;或在菜单栏中选择【文字】→【路径文字】→【路径文字选项】命令,再从【效果】菜单中选择一个命令。

(5) 调整路径文字的垂直对齐方式。选择【路径文字】对象,在菜单栏中选择【文字】→【路径文字】→【路径文件选项】命令,再从【对齐路径】菜单中选择一个命令来指定符对齐到路径的方式,如图 9-14 所示。

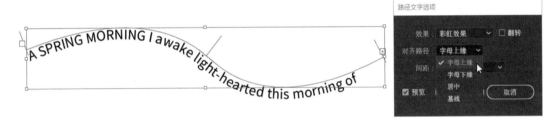

图　9-14

- 【字母上缘】选项：沿字体上边缘对齐。
- 【字母下缘】选项：沿字体下边缘对齐。
- 【中央】选项：沿字体字母上、下边缘间的中心点对齐。
- 【基线】选项：沿基线对齐。

另外,当字符围绕尖锐曲线或锐角排列时,因为突出展开的关系,字符之间可能会出现过宽或过窄的间距。使用【路径文字选项】对话框中的【间距】选项来缩小曲线上字符间的间距。较高的值可消除锐利曲线或锐角处的字符间的不必要间距。

15. 认识【字符】面板

在菜单栏中选择【窗口】→【文字】→【字符】命令,打开【字符】面板,为文档中的字符格式设置选项。当选择了【文字】对象或正在用【文字】工具编辑时,也可以使用【控制】面板中的【字符】面板来设置字符格式,如图 9-15 所示。默认情况下,【字符】面板中只显示最常用的选项,从面板快捷菜单中选择【显示选项】命令可以显示所有选项。

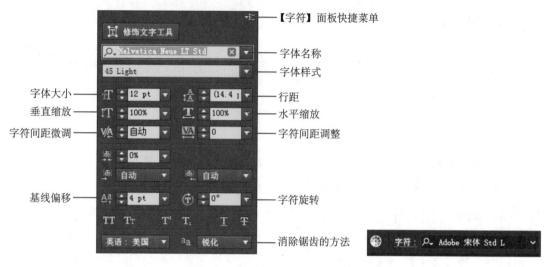

图　9-15

注：字体大小的单位是点（也叫磅，point 简写为 pt）。点为活字印刷时代的单位，
1pt 为 1/72 英寸（0.351 毫米）。

16. 认识【字体选择列表】

Illustrator 支持多种语言，如图 9-16 所示为不同语言的字体在列表中的分布情况。如果系统安装的字体较多，也可以灵活利用【分类筛选】、【收藏字体】、【过滤类似字体】等命令来提高选择字体的效率。该功能十分方便，要多加利用，如图 9-17 所示。

17. 认识【段落】面板

在菜单栏选择【窗口】→【文字】→【段落】命令，打开【段落】面板，可以更改列和段的格式。当选择了【文字】对象或正在用【文字】工具编辑时，也可以使用【控制】面板中的【段落】选项来设置段落格式，如图 9-18 所示。

18. 应用【避头尾集】命令

首先认识一下避头尾法则。把不能位于行首或者行尾的字符称为"避头尾字符"。避头尾法则用于中文或日文文本的换行方式的设置。对于中文排版来说，绝大多数的标点符号都不应该出现在行首，那么就可以通过避头尾法则的设置，避免标点符号出现在行首。

✎ 技巧：

（1）打开【段落】面板，首先单击面板右侧的菜单按钮，选择【避头尾法则类型】命令，如图 9-19 所示。

- 【先推入】子命令：字符向上移到前一行，以防止禁止的字符出现在一行的行首或行尾。
- 【先推出】子命令：字符向下移到后一行，以防止禁止的字符出现在一行的行首或行尾。

图　9-16

图　9-17

对齐方式 —

左缩进 —
右缩进

首行左缩进 —

段前间距 —
段后间距

连字符连接 —

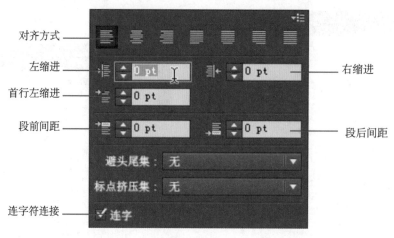

图　9-18

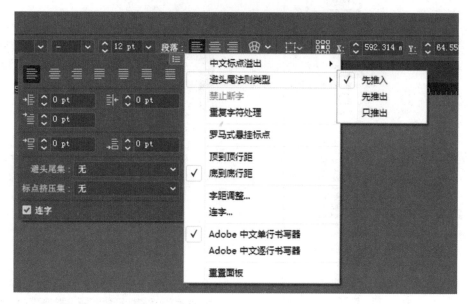

图　9-19

- 【只推出】子命令：不会推入，而总是推出。将字符向下移到后一行，以防止禁止的字符出现在一行的行首或行尾。

（2）选择应用了【严格】命令的避头尾集法则（先推入），原先上一行的字符下移，句首的句号后移，如图 9-20 所示。

（3）如果默认的避头尾法则不适合当前的文档设置，也可以对法则进行调整。打开【段落】面板，在【避头尾集】选项中选择"避头尾法则设置"，打开【避头尾法则设置】对话框，如图 9-21 所示。

（4）单击【新建集…】按钮，弹出【新建避头尾法则集】对话框，单击【确定】就可以新建一个避头尾法则。可以设置不能位于行首的字符或不能位于行尾的字符等。

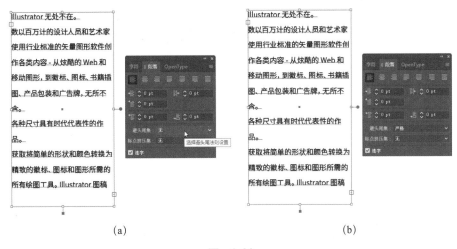

(a)　　　　　　　　　　　　　　(b)

图　9-20

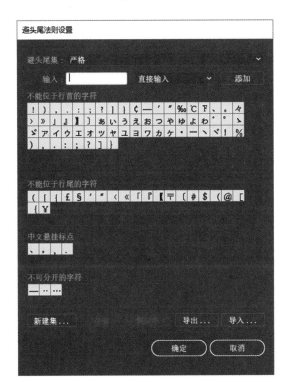

图　9-21

9.2　文　本　设　计

1. 修改字符的颜色和外观

选择文字对象,可根据需要修改填色、描边、透明度设置、效果和图形样式,也可以使用【控制】面板来快速更改所选文字的颜色,还可以结合【外观】面板进行更为复杂的文字效果设计,并可以实时修改文字内容,如图 9-22 所示。

Illustrator 无处不在

图　9-22

2.【设置两个字符间的字距微调】命令与【设置所选字符的字距调整】命令

（1）【设置两个字符间的字距微调】命令。该命令可增加或减少部分字符对之间的间距。在【字符】面板中使用【度量标准字距微调】或【视觉字距微调】选项来自动微调文字的字距，如图 9-23 所示。

Illustrator 无处不在　自动

Illustrator 无处不在　视觉

Illustrator 无处不在　对比

图　9-23

（2）【设置所选字符的字距调整】命令。这个命令是放宽或收紧所选文本或整个文本块中字符之间的间距。选择要调整的字符范围或【文字】对象，在【字符】面板中设置【字距调整】选项。

- 【度量标准字距微调】选项：该选项也称作自动字距微调，采用大多数字体中都包含的字距微调参数表来调整。选择【字符】面板→【字距微调】→【自动】命令，将字体的内置字距微调信息用于所选字符。
- 【视觉字距微调】选项：可根据邻近字符的形状来调整它们之间的间距。它并不是根据字距微调参数表作为依据，而是根据字符形状自动调整所选字符间的间距。选择【字符】面板→【字距微调】→【视觉】命令，可起到同样的作用。
- 【公制字—仅罗马字】选项：主要应用在日文上，同样可以用来调整拉丁文和片假名。

🔨 技巧：

可以使用手动字距微调功能来调整两个字母之间的间距。在两个字符间放置一个插入点，并在【字符】面板中为【字距微调】选项设置所需的数值（注意，如果选择了多个文字，则要使用字距调整命令），按快捷键 Alt+ 左箭头（或右箭头），可以快速减小或增大两个字符之间的字距。

3. 认识 OpenType 字体与 TrueType 字体

（1）OpenType 字体是由 Microsoft 和 Adobe 公司开发的一种字体格式，字体的后缀名为 OTF。OpenType 字体可以把 PostScript 字体嵌入到用 TrueType 字体的软件中，同时包含花饰字和自由连字字符，平台通用性较好且生成的文件尺寸较小。使用 OpenType 字体时，可以自动替换文本中的【替代字形】,如连字、小型大写字母、分数字以及旧式的等比数字。如图 9-24 所示展示了不同的【替代字形】。

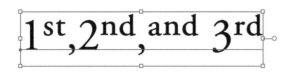

标准连字　　　　　上下文替代字　　　自由连字　　　　　花饰字
Caflisch Script Pro　Gabriola　　　　Calibri　　　　　Comic Sans MS

标准连字　　　　　序数字　　　　　　分数字　　　　　风格组合
Gotham Rounded　Helvetica Now Display　Zapfino Forte LT Pro　Helvetica Now Display

图　9-24

（2）TrueType 字体是由美国苹果公司和微软公司共同开发的一种字体格式,字体的后缀名为 TTF。该字体既可以作为打印字体,又可以用于屏幕显示。由于它是用指令对字形进行描述,因此与分辨率无关。输出时总是按照打印机的分辨率输出,无论放大或缩小,字符总是光滑的,不会有锯齿出现。

（3）OpenType 字体与 TrueType 字体会有不同的图标显示,如图 9-25 所示。

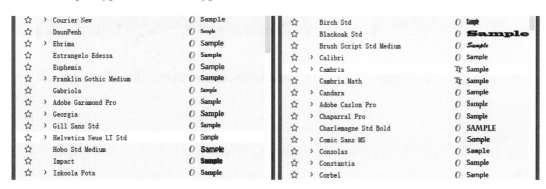

图　9-25

4. 选择字体系列和样式

（1）选择要更改的字符或文字对象,使用【控制】面板或【字符】面板选择一种字体系列和样式。选择一段文字内容后,在【控制】面板或【字符】面板中的【设置字体系列】窗格中,将光标悬停在字体列表的某种字体名称上,可实时预览字体,如图 9-26 所示。

（2）在菜单栏中选择【文字】→【最近使用的字体】命令，可以快速选择历史字体。在菜单栏选择【编辑】→【首选项】→【文字】命令，设置【最近使用的字体数目】选项，可以更改显示的字体数目，如有必要可适当提高字体数目。

（3）在【设置字体系列】窗口输入所需名称的前几位字符，可以快速定位字体。例如，当计算机安装较多字体时，要快速找到"方正兰亭黑体"，只需要输入"方"即可显示所有方正系列字体。

5.【查找和替换字体】命令

在菜单栏选择【文字】→【查找字体】命令，如图 9-27 所示。在对话框最上方选择要查找的字体名称。【替换字体来自】选项可选择【文档】（将只列出文档中使用的字体）或【系统】（系统中所有字体）。在【系统中的字体框】中选择要替换的一种字体，单击【更改】按钮，更改为选定字体的文字；单击【全部更改】按钮，可以更改所有使用选定字体的文字。

图 9-26

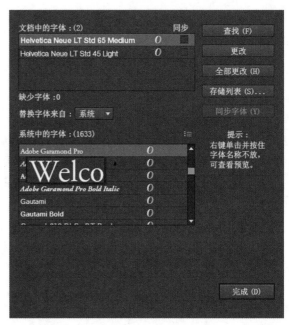

图 9-27

注意：

打开一个文档时，如果计算机中没有安装文档内所使用的字体，在打开文档时将会显示警告信息，Illustrator 将指出缺少的字体，并使用可匹配的字体替代缺少的字体。要将缺少的字体替换为不同字体，需选择使用缺少的字体的文本，然后应用其他可用字体。在菜单栏中选择【编辑】→【首选项】→【文字】→【可突出显示替代的字体】命令，可突出显示替代字体。

6.【字形】面板

在菜单栏中选择【窗口】→【文字】→【字形】命令，可以查看字体中的字形，并在文档中插入特定的字形。默认情况下，【字形】面板显示当前所选字体的所有字形，可通过在面板底部选择一个不同的字体系列和样式来更改字体，如图 9-28 所示。

图　9-28

7. 使用【修饰文字工具】对文字进行修饰

　　【修饰文字工具】可以对文本进行独立的旋转、缩放、倾斜等操作，是非常灵活自由的文字设计工具。【修饰文字工具】还可以快速地从字形库中找到对应字符的隐藏字符选项。例如，在英文字体中会有不同字母造型的选择、不同符号的选择，从中文字体中可快速选择繁体字体，如图 9-29 所示。

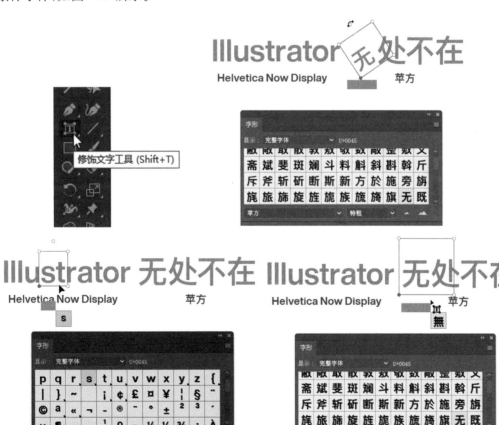

图　9-29

8. 将区域文字绕排在对象周围

可以将区域文本绕排在任何对象的周围，包括文字对象、导入的图像及绘制的矢量对象。要在对象周围绕排文本，对象必须与文本位于相同的图层中，并且在图层层次结构中位于文本的正上方。同时，绕排文本要确保绕排的文字是区域文字，如图 9-30 所示。

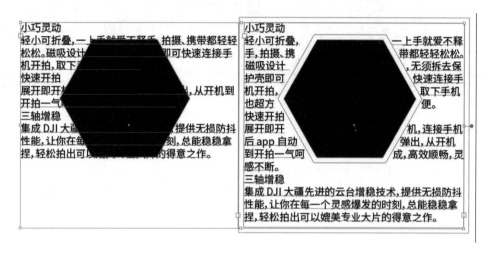

图　9-30

🔨 **技巧：**

（1）选择一个或多个要绕排文本的对象，在菜单栏中选择【对象】→【文本绕排】→【建立】命令，建立绕排对象。

（2）选择绕排对象，在菜单栏中选择【对象】→【文本绕排】→【文本绕排选项】命令，然后指定位移数值，也就是文本和绕排对象之间的间距大小，可以输入正值或负值。

（3）【反向绕排】选项表示可以围绕对象反向绕排文本。

（4）选择绕排对象，在菜单栏中选择【对象】→【文本绕排】→【释放】命令可使文本不再绕排在对象周围。

9. 从图稿中删除空文字对象

删除不用的空文字对象，可让图稿更加简洁，避免印制错误，同时还可减小文件的大小。如果在图稿区域中无意单击了【文字工具】，然后又选择了另一种工具，就会留下空文字对象。在菜单栏中选择【对象】→【路径】→【清理】→【空文本路径】命令，单击【确定】按钮，可将图稿区域中的空文字对象删除。

10. 设置行距

行距是指行与行之间的垂直间距。行距是指从一行文本的基线到上一行文本基线的距离。基线是大多数字母排于其上的一条不可见直线。默认情况下，【自动行距】选项按字体大小的 120% 设置（如 10 点文字的行距为 12 点）。使用【自动行距】选项时，【字符】面板的【行距】菜单将在圆括号内显示行距值。可以在同一段落中应用多种行距。

11.【查找和替换】文本

该功能可以将文本或字符进行全局替换,如图 9-31 所示。在菜单栏中选择【编辑】→【查找和替换】命令,输入要查找的文本字符,还可以输入用于替换的文本字符。也可以在【查找】和【替换为】选项右侧的弹出式菜单中选择各种特殊字符。

图　9-31

- 【区分大小写】选项：只搜索大小写与【查找】文本框中的文本的大小写完全匹配的文本或字符。
- 【全字匹配】选项：只搜索与【查找】文本框中所输入文本匹配的完整文本或字符。
- 【向后搜索】选项：按照堆叠顺序从最下方向最上方搜索文本或字符。
- 【检查隐藏图层】选项：搜索隐藏图层中的文本；检查锁定图层,搜索锁定图层中的文本。

查找及替换文本的步骤如下。

(1) 单击【查找】按钮开始搜索。

(2) 单击【替换】按钮以替换文本字符串,然后单击【查找下一个】按钮查找下一个内容。

(3) 单击【替换和查找】按钮以替换文本字符串并查找下一个内容。

(4) 单击【全部替换】按钮以替换文档中文本字符串的所有内容。

12. 更改【大小写样式】

选择要更改的字符或文字对象,在菜单栏中选择【文字】→【更改大小写】命令,可以选择大小写样式。

- 【大写】选项：将所有字符全部更改为大写。
- 【小写】选项：将所有字符全部更改为小写。
- 【词首大写】选项：将每个单词的首字母大写。
- 【句首大写】选项：将每个句子的首字母大写。

13.【全部大写字母】和【小型大写字母】命令

（1）【全部大写字母】命令。可以将字符快速转换成大写字母。选择要更改的字符或文字对象，在【字符】面板快捷菜单中选择【全部大写字母】命令。

（2）【小型大写字母】。【小型大写字母】命令在将字符转换为大写字母的同时，可把首字母放大，增加视觉效果，使标题文字更具有装饰性和艺术感，也能更好地吸引读者注意。另外，用该命令也是为了在部分排版中（尤其是密集的正文排版）削减全是大写字母的视觉冲击；或者引用正文内其他章节的内容或引用一些人名和书名时使用。选择要更改的字符或文字对象，在【字符】面板快捷菜单中选择【小型大写字母】命令，效果如图 9-32 所示。

A giant panda rests on a rock

A GIANT PANDA RESTS ON A ROCK

A GIANT PANDA RESTS ON A ROCK

图　9-32

📑 提示：

在菜单栏中选择【文件】→【文档设置】命令，在打开对话框的【小型大写字母】部分可设置小型大写字母格式的文本相对原始字体大小的百分比（默认值为70%）。

14. 将文字转换为轮廓

选择【文字】对象，在菜单栏选择【文字】→【创建轮廓】命令，或选择【文字】对象并右击再选择【创建轮廓】命令（快捷键 Shift+Ctrl+O），可以将文字转换为复合路径或轮廓，然后对其进行编辑和处理，当文字转换为轮廓时，仍保留着字符的所有图形效果（如描边和填色）。但不能将位图文字转换为轮廓。

📑 提示：

使用【轮廓视图】（快捷键 Ctrl+Y）命令可以观察创建轮廓前（可继续编辑的文本对象）与创建轮廓后（转化为复合路径）的显示效果，如图 9-33 所示。

DIGITAL MEDIA ARTS

图　9-33

15.【字符样式】面板和【段落样式】面板

使用【字符样式】面板和【段落样式】面板设计和管理字符和段落样式,如图 9-34 所示。当选择文本时,会在【字符样式】面板和【段落样式】面板中突出显示现用样式。默认情况下,文档中的每个字符都是【正常字符样式】,而每个段落都会是【正常段落样式】。

图　9-34

- 【字符样式】面板:管理字符格式的属性。
- 【段落样式】面板:管理包括字符和段落格式的属性。使用字符和段落样式可大大提高协同工作的用时效率,还可以统一字符格式。

1)创建新的字符或段落样式

首先需要选择文本。在【字符样式】面板或【段落样式】面板中单击【创建新样式】按钮,然后输入样式名称。将样式拖到【新建样式】按钮上,可快速创建字符或段落样式的副本,如图 9-35 所示。

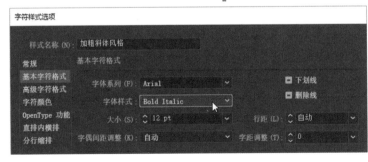

图　9-35

2)编辑字符及段落样式

(1)可以修改默认字符和段落样式的配置。在【字符样式】面板或【段落样式】面板中选择需要修改的样式,然后从【字符样式】面板快捷菜单中选择【字符样式选项】命令,或双击该样式,打开【字符样式选项】对话框进行设置。

（2）删除字符样式或段落样式。在【字符样式】面板或【段落样式】面板中选择一个或多个样式名称,从面板快捷菜单中选取【删除字符样式】或【删除段落样式】命令,单击面板底部的【删除】按钮,或将样式拖移到面板底部的【删除】按钮,即可删除字符样式或段落样式。

（3）从其他 Illustrator 文档中载入字符和段落样式。在【字符样式】面板或【段落样式】面板的快捷菜单中选择【载入字符样式】或【载入段落样式】命令,双击包含要导入的样式的 Illustrator 文档,即可载入字符和段落样式。

🔧 技巧：

设计文字常用快捷键如下。

- 向右或向左移动一个字符：在文字【对象】中插入光标后,用向右箭头键或向左箭头键。
- 向上或向下移动一行：在文字【对象】中插入光标后,用向上箭头键或向下箭头键。
- 增加或减小字体大小：选择字符,按快捷键 Ctrl+Shift+. 或快捷键 Ctrl+Shift+,。
- 增加或减小行距：按快捷键 Alt+ 箭头（↑、↓、←、→）。向上或向下箭头键用于横排文本,向右或向左箭头键用于直排文本。
- 增大或减小字偶 / 字符间距调整：按快捷键 Alt + 箭头键。
- 创建轮廓：按快捷键 Shift+Ctrl+O。
- 打开【字符】面板：按快捷键 Ctrl+T。
- 打开【段落】面板：按快捷键 Alt+Ctrl+T。
- 插入【中点】：按快捷键 Alt+8。
- 插入省略号：按快捷键 Alt+;。
- 插入段落符号：按快捷键 Alt+7。
- 插入 TM 商标符号：按快捷键 Alt+2。
- 插入版权符号：按快捷键 Alt+G。
- 插入注册商标符号：按快捷键 Alt+R。
- 上标：按快捷键 Shift+Ctrl+=。
- 下标：按快捷键 Alt+Shift+Ctrl+=。
- 插入全角空格：按快捷键 Shift+Ctrl+M。
- 插入半角空格：按快捷键 Shift+Ctrl+N。

📋 注意：

下面介绍全角（em）和半角（en）。一个汉字占 2 个半角空格,输入一个全角空格等于输入一个汉字; 而英文则占一个半角空格。在编排英文段落时,新段落开头要空出一个全角,比如,输入一段 12pt 的文字,1em 就是边长是 12pt 的正方形,如图 9-36 所示。

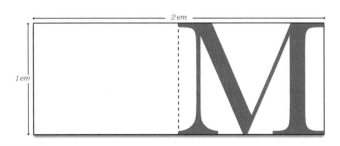

图　9-36

9.3　字体基础

1. 字体

字体是文字的"格式",如黑体、宋体、楷体等。字体体现了一套文字设计的视觉造型特点,也体现了一种设计风格。可以把字体看成字的"骨架",一款字体中可能会有很多不同的字形。

2. 字形

字形是某种字体中字符的具体视觉造型形态,如字的形态、笔画形状、大小比例等。

3. 字库

字库是源于铅字印刷的术语,指具有同一基本设计字形语言的集合,在计算机领域特指一套数码字体文件,包含了字库格式、字符集标准、字形、字体。

很多数码字库的字体是由活字印刷所用的字体转化而来,经过改良形成能够在设计软件中灵活使用的字库。图 9-37 所示的"微软雅黑"字形是一款黑体字体,包含 regular 和 bold 两种字形。

微软雅黑 Regular

微软雅黑 Bold

图　9-37

4. 字形结构

图 9-38 所示显示了字形结构的特点。

（1）字干：字母的直线笔画。

（2）字碗：大写字母 C 和 O、小写字母 b 和 o 的曲线样式。

（3）字怀：字母内部（封闭或开放）的空间。

图 9-38

（4）字间距：字母间的空隙。字体设计时已经设计好不同字母间合适间距。在使用字体时可以手动调节字间距。

（5）字偶间距：在某些情况下，不同的字母组合并排后，字间距会有些紧或松。有时需要针对特定的字母组合进行缩窄或放宽处理，如图 9-39 所示。

Uffizi, Florence

图 9-39

（6）极细线：字符中细笔画部分。

（7）花笔：字母起笔或末笔处带有装饰的曲线，升部和降部带有花笔的小写字母和大写字母。Adobe Caslon Swash RomanItalic 字体与 Adobe Caslon Pro Italic 字体组合可完成"花笔风格"的设计，如图 9-40 所示。

Sandro Botticelli

图 9-40

5. 字形和字重

一款字体中会有不同的字形（形态风格）和字重（笔画的粗细），以字体 Futura Std 为例，如图 9-41 所示。

Futura Std Light	Futura Std Medium	Futura Std Book	**Futura Std** Bold	**Futura Std** Extra Bold	Futura Std Heavy
Futura Std Light Condensed	Futura Std Medium Condensed		**Futura Std** Bold Condensed	**Futura Std** Extra Bold Condensed	
Futura Std Light Condensed Oblique	*Futura Std* Medium Condensed Oblique		***Futura Std*** Bold Condensed Oblique	***Futura Std*** Extra Bold Condensed Oblique	
Futura Std Light Oblique	*Futura Std* Medium Oblique	*Futura Std* Book Oblique	***Futura Std*** Bold Oblique	***Futura Std*** Extra Bold Oblique	*Futura Std* Heavy Oblique

图　9-41

- Light：适合进行标题设计的细体，无衬线字体较为常见。有些字体也会有更细的字形。
- Regular/Roman：标准粗度，适用于正文编排。
- Medium：粗度介于 Regular 和 Bold 之间，有的字体中还有半粗体类型。
- Bold：字体中笔画较粗的字形，往往用于标题的编排。比粗体更粗的有 Exra Bold、Heavy、Black 等。
- Oblique/Italic：斜体字。
- Condensed：窄体字形。建议不要与标准字宽的字形混排。
- Extended：与窄体相对的加宽字形，也适用于标题的编排。
- 合字：把几个字母连起来并按一个字宽设计的字符，比如 fi 和 fl。以字体 Sabon Next LT Pro Regular 为例，如图 9-42 所示。

📑 提示：

（1）斜体 oblique 与 Italic 的异同：默认情况下，斜体一般指 Italic。Italic 原是指意大利流行的一种手写风格字体，而现在指与正文罗马体搭配的斜体字体。在活字时代，设计师把罗马正体处理成"单斜体（oblique）"，以便和手写风格的意大利体做区分。而现在的单斜体是指将罗马体的字形直接倾斜得到的变体字体，由于在倾斜时没有改变正体的轮廓，处理后的斜体笔画松散，字形有些小问题，后来设计师们纷纷专门设计斜体，这种斜体就是意大利斜体。所以现在的意大利斜体字形可能不具备手写风格，只是"斜体"，如 Baskerville MT Std Italic 字体。一般在进行大量文字排版时，正文使用罗马体，在文中需要强调某些内容，或需要更突出一些外来的专用词汇时，或文中出现书籍名称及艺术作品名称等使用斜体字，如图 9-43 所示。

（2）制作斜体字的方法说明如下。例如，Myriad Pro Italic 字体专用倾斜字体（粉色示意）和 Myriad Pro Regular 字体直接倾斜 8 度得到的字形（蓝色示意），字偶间距和字形等细节都不相同，专用的意大利斜体 Italic 看起来更舒服，如图 9-44 所示。

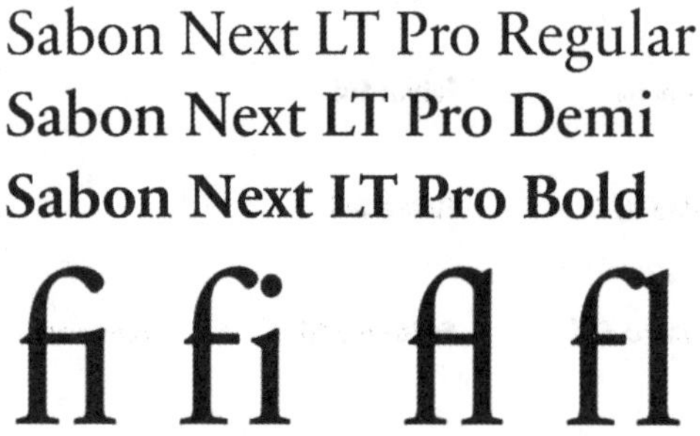

Sabon Next LT Pro Regular
Sabon Next LT Pro Demi
Sabon Next LT Pro Bold

fi fi Affl

图　9-42

Paul Klee (Swiss, 1879-1940)
Mixed media on board. 10.6 in × 13 in. (27 cm × 33 cm)

图　9-43

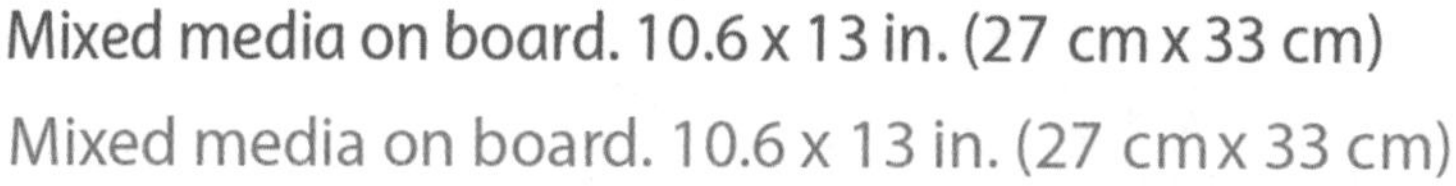

Mixed media on board. 10.6 x 13 in. (27 cm x 33 cm)
Mixed media on board. 10.6 x 13 in. (27 cm x 33 cm)

图　9-44

9.4　西　文　字　体

　　字体在视觉设计中的作用除了表示一种语言外，还有一定的美学含义，使有的字体看起来优雅、美丽，有的字体看起来肃穆、正式或是俏皮可爱，富有人文气息。而字体字形的发展和进步，造型的变化趋势，体现了时代与科技的发展，一些字体看起来具有古典韵味，而另一些则极具现代感。字体的选择还蕴含着文化气质，针对不同的国度、民族对应的应用场景下，选择一款合适的、正确的复合文化需要的字体系列，也是设计中最为基础的内容。

　　西文字体分为两大种类：Serif 和 Sans Serif。Serif 表示在字的笔画开始及结束的地方有额外的装饰，而且笔画的粗细会因直横的不同而不同。与之相反，Sans Serif 则没有这些额外的装饰，笔画粗细大致相同。

1. 衬线体

　　（1）衬线体（Serif Typeface）也叫罗马体，指 Roman Typeface，如图 9-45 所示，这种带有装饰线的衬线字体笔画设计非常古老，广泛运用在罗马的各种碑文和万神庙遗址的外墙。神父 Edward Catich 在 1968 年出版的著作 *The Origin of the Serif* 中提到罗马字母最初被雕刻到石碑上之前，要先用方头笔画好字体样式，再雕刻凿出。由于用方头笔刷绘制时会导致笔画的起始和结尾出现毛糙，所以在笔画开始、结束和转角的时候增加了装饰的笔画，也就自然形成了衬线。衬线字体风格古典、正式，具有历史感，如图 9-46 所示。例如，

图　9-45

图　9-46

Carol Twombly 设计的 Trajan 字体设计是基于罗马的 Trajan's Column 的铭文。

（2）衬线有利于水平阅读时的辨识度，用来编排成片文字时也能够顺畅阅读。在历史上罗马体也分为文艺复兴时期到巴洛克时期的老式罗马体（Oldstyle Roman）和 18 世纪流行的水平或垂直衬线的不具有平头笔书写风格的现代罗马体（Modern Roman），两种风格的字体都有很多数码字体，同样适合在现代设计中使用。

（3）衬线字体按照历史发展大致可分为 4 个阶段。

① 15 世纪的旧式风格（Oldstyle）字体。小写字母的衬线总有一个角度；笔画从粗到细缓和变化；有倾斜的强调线（细笔画间的连线）；不会分散人的注意力，且易于阅读。代表字体有 Adobe Janson pro、Goudy Old Style、Palatino LT Std、ITC Bookman Std、Garamond、Caslon，如图 9-47 所示。

② 18 世纪中叶的过渡风格（Transitional）字体。这是一种介于古衬线体和现代衬线体之间的过渡字形；过渡衬线体的笔画粗细对比要大一些；为中等高度，有相对短的升部和降部；有垂直强调线，衬线变得平缓。设计时应注意水平和垂直线的平衡；字形曲线变化过渡要柔和、有力、优美。该字体适合学术、法律条文方面的文字设计，代表字体有 Times New Roman、Baskerville BT、Georgia、Miller，如图 9-48 所示。

Adobe Janson pro

Goudy Old Style

Palatino LT Std   Times New Roman

ITC Bookman Std   Baskerville

Garamond   Georgia

Caslon   Miller

图 9-47   图 9-48

③ 18 世纪后期的现代风（Modern）字体。这种字体的衬线为水平、纤细，笔画粗细变化剧烈；强调线为垂直线。Modern 字体结构严谨、冷酷、高雅、现代，具有锐利的工业感，非常适合标题文字设计（时尚杂志 ELLE、BAZAAR 封面刊头字体），也经常被时尚行业设计师使用（奢侈品牌 GIORGIO ARMANI、VALENTINO 的品牌标识设计）。但不适合用于大量正文显示，因为衬线很细，几乎会消失。代表字体有 Didot、Bodoni，如图 9-49 所示。

④ 19 世纪的平板衬线体（Slab serif）字体。这是一种平板粗衬线体，小写字母上的衬线粗且是水平的；笔画粗细过渡很小或没有；有垂直强调线；可以提供很好的可读性，可以大量显示正文；时尚活泼，富有友好感，非常适合广告传播设计。美国潮流运动品牌 CONVERSE 的 Logo 使用的 Rockwell 字体属于平板衬线体，几何与单线设计呈现出现代、年轻的感觉。代表字体有 Rockwell Std、Memphis，如图 9-50 所示。

Didot   Bodoni

Didot   Bodoni

Didot   Bodoni   Rockwell   Memphis
                                   Rockwell   Memphis
Didot   Bodoni   Rockwell   Memphis

Didot   Bodoni   Rockwell   Memphis

图 9-49   图 9-50

2. 无衬线字体

无衬线字体（Sans serif）完全抛弃装饰衬线，笔画基本没有粗细变化，看起来基本一致，显得简洁流畅；笔画以几何线条为主，没有强调线，只剩下主干；造型简洁有力，给人一种现代、简约的感觉；适用于标题、广告，瞬间的识别性高；x 高度较高，整体字形十分简练规整，辨识度很高，因此经常被用于导向和指示系统。日常生活中所看到的路牌、指示牌，公交车站、地铁站的站牌使用的大多数是无衬线字体。因为显示效果好，所以在操作界面和网页设计中使用的默认字体基本也是无衬线体。

无衬线体最早出现于 1816 年，是来自英国 Caslon 铸造厂的一种 Two Lines English Egyptian 字体，其中 Two Lines English 表示字号 28pt。这是拉丁字母中第一个已知的通用无衬线体，如图 9-51 所示。

图　9-51

3. 衬线体和无衬线体的对比

衬线体和无衬线体的对比如图 9-52 所示。衬线体的字体容易辨认，因此易读性较高。无衬线体较为醒目，但在阅读内文时容易造成字母辨认的困扰，常会有来回重读及上下行错乱的情况；衬线体强调字母笔画的开始及结束，因此较易进行前后连续性的辨识。衬线体强调一个单词，而非单一的字母，而无衬线体则强调个别字母。在字号较小的编排中，通常无衬线体比衬线体更清晰。

ALIPAY　　**ALIPAY**

（a）衬线体　　　　　　　　　　（b）无衬线体

图　9-52

9.5　艺术字体

1. 手写字体

手写体最早也叫铜板体。铜板体是指 17 世纪末以来在英国流行的模仿手写的活字字体，采用铜版印刷法制作。一般把字母间有明显连笔笔法的字体叫手写体，笔势写意流畅。

手写体看起来像书法家连笔书写，有一气呵成的感觉。手写字体里有些字体会有很多款粗细类型，但设计了不同的字形。可以采用混合排版的方法达到类似手写字体起伏变化的效果，如图 9-53 所示。下面以常用的 Zapfino 和 Shelley 字体为例说明。

图　9-53

（1）Zapfino 字体。这是德国著名设计师 Hermann Zapf 设计的具有现代气息和活力的手写体，这款字体既保持高品位的手写体，又具有现代奔放气息。这款字体含有各种变体、合字、装饰线条等，可以组合出很多变化字体效果。主要的 4 种字体变体为：Zapfino Extra LT One、Zapfino Extra LT Two、Zapfino Extra LT Three、Zapfino Extra LT Four。其中 Zapfino Extra LT One 较为正式；Zapfino Extra LT Two 更具有手写感；Zapfino Extra LT Three 装饰性更强；Zapfino Extra LT Four 连笔更为流畅，大写字母有小写感。使用 4 种基本变体调整后的文字更具有手写字体的韵律感，笔画舒展，更接近自然运笔的感觉，如图 9-54 所示。

（2）Shelley 字体。该字体具有英伦风格，典雅、精致。Shelley 字体有 3 个变体版本为 Shelley Allegro、Shelley Andante、Shelley Volante，这三个版本的字形都有所不同，如图 9-55 所示。

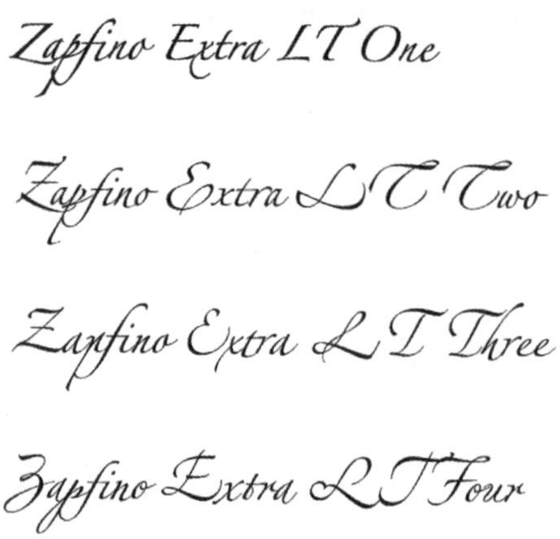

图　9-54 　　　　　　　　　　　　　　　　　图　9-55

2. 装饰体

装饰体和手写体类似,具有强烈的艺术效果和风格化的偏装饰效果,一般多用于标题或辅助设计,如图 9-56 所示。

图　9-56

✎ **技巧:**

Illustrator 中的 OpenType 功能可以更好地表现手写风格字体的连笔效果,也就是合字和连笔效果。选择三组 OpenType 手写体字为 Caflisch Script Pro、Zapfino Extra LT、Cezanne Pro,每组左边为标准字形,右侧为在 Illustrator 中启用 OpenType 面板的【上下文替代字】功能后字形转换的标准连字效果,如图 9-57 所示。

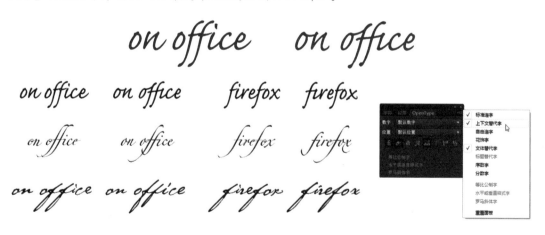

图　9-57

本书推荐一些具有高级感的字体,这些字体的字形在发展过程中经过多次修正,造型简约精美,是视觉设计师经常会选择使用的字体,如图 9-58 所示。

Century Old Style Std	ITC Highlander	Optima nova LT Pro
Times New Roman	ITC Flora	AT Sackers Gothic
TRAJAN PRO	Textile	Palace Script MT Std
Stempel Schneidler Std	Johnston ITC Std	Vladimir Script LT Std
WATERS TITLING PRO	MetaPro	Bickham Script Pro
PALATINO NOVA PRO IMPERIAL	TheSans	Linoscript Std
PALATINO NOVA PRO TITLING	DIN Mittelschrift	Present LT Std
Windsor	DIN Engschrift	Dom Casual Std
Thorowgood Becker	Antique Olive Std	Freestyle Script
COPPERPLATE GOTHIC STD	PEIGNOT LT STD	Wiesbaden Swing Com
CHEVALIER SC D OT	Vialog LT Com	Tartine Script
Cochin LT Std	ITC Officina Sans	Spring
Cronos Pro	Gill Sans MT	Salto

图 9-58

9.6 中 文 字 体

中文字体的分类较为复杂，按西文字体的分类方式分为衬线字体和无衬线字体，分别对应宋体和黑体；按书法体分为楷体、篆体、隶书、行书、草书等；还可以派生出以上类型字体的设计字体，如等线体、仿宋体、圆体等。

1. 宋体

（1）宋体是中国明代木版印刷中出现的字体。宋体原形为宋代模仿楷书基本笔画（如点、撇、捺），但因当时以木板作活版印刷，为了顺应木的天然纹理，而从楷体左低右高的斜横演变成直横；同时也为了减低损耗而将竖笔加粗。到了明代，这种字体逐渐脱离楷书的模样，成为一种成熟的印刷字体。图 9-59 所示为《齐书》明朝南京国子监版本。

（2）宋体的应用领域多用于正文排版，风格一般比较权威、正统。正式的文书、合同、杂志用宋体较多。宋体无论是做标题或正文，都能给人带来经典耐看的感觉。

（3）宋体的字形特点为笔形横细、竖粗。整体也是方块形，端庄、整齐，笔画带有衬线。宋体的气质较为雅致、大气，通用性强。这种最普通、最平淡的字体其实是最美、最永恒的字体。当你不知道选择哪种字体的时候，就选择宋体。宋体的缺点是因为笔画比较细，在电子显示屏中若字号太小便难以识别，因此在电影、电视中较少使用。图 9-60 所示为常用的 4 种宋体字体。

本紀第一　南齊書一
梁　臣　蕭子顯　撰
大明南京國子監　祭　酒　趙用賢
司　業　張一桂同校
高帝上
太祖高皇帝諱道成字紹伯姓蕭氏小諱鬬將
漢相國蕭何二十四世孫也何子酇定矦延生
侍中彪彪生公府掾章章生皓皓生仰仰生御
史大夫望之望之生光祿大夫育育生御史中

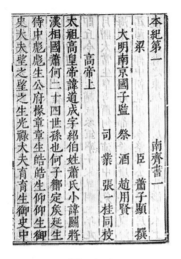

图 9-59

方正兰亭宋

筑紫明朝

思源宋体

汉仪粗宋

图 9-60

2. 仿宋体

（1）仿宋体又称宋朝体，是仿制宋朝雕版书籍字体而来的一种汉字传统印刷字体风格。图 9-61 所示为南宋临安陈起陈宅书籍铺。仿宋体采用宋体结构、楷书的笔画，笔画横竖粗细均匀，横画向上斜，折笔明显，笔画末端有装饰的顿笔等元素，字体风格较为清秀，常用于排印副标题、诗词短文、批注、引文等，在一些读物中也用来排印正文部分。

（2）仿宋体常用于红头文件。早期中文打字机（仿宋字体）多用于国家机关，因此仿宋体至今仍是国内红头文件的专用字体。中华人民共和国国家标准《党政机关公文格式》（GB/T 9704—2012）中规定：“如无特别说明，公文格式各要素一般用 3 号仿宋体字。特定情况可以做适当调整。”

（3）4 种常用的仿宋体字体如图 9-62 所示。

忘歸
夜過馬當山
獨載詩書趁野航自憐漂泊度時光殘年準擬
殘年首連夜匆忙過馬當古廟荒寒江浸影斷
崖凄慘石凝霜壯懷未分甘衰老回首長淮恨
更長
菊澗小集終
臨安府棚北大街陳宅書籍鋪印行

图 9-61

方正仿宋简体

中國龍新仿宋

文悦古體仿宋

汉仪粗仿宋简

图 9-62

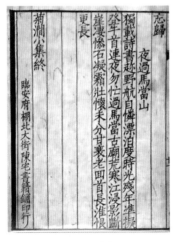

3. 楷体

（1）楷体是汉字书法中常见的一种手写字体风格，也是汉字手写体的参考标准。印刷用的楷体是从楷书发展而成。发明雕版印刷术时，负责书写和刻制雕版的人就是当时擅写楷书的佛经"写经生"，楷书因而成为雕刻印刷最早期参照的字体。

（2）楷体一般用于书籍的前言与图片的注解部分，或者用于在主观文字的表达当中。在广告中，在副标题和广告解说、产品说明部分运用得比较多。在媒体中，楷体多用于唱词制作、电影字幕等，楷体在传统类的设计对象中运用得非常广。但是楷体一般不会用作主标题的文字。楷体的字形特点是笔画中继承了隶书，同时又简化了汉隶的波势，而变得横平竖直，规矩整齐。楷体字清秀、平和、带书卷味，易读性高，多用于通常的说明文字。图 9-63 所示为欧阳询作品中的一部分。

图 9-63

（3）常用的 4 种楷体字体如图 9-64 所示。

4. 黑体

（1）黑体是汉字和其他东亚文字使用的字体。在西文无衬线体的影响下，日文黑体出现于近代，但尚没有足够的证据证明黑体为日本首创。黑体均匀笔画的形态风格汲取自隶书，属于现代无衬线字体。其特点是笔画厚度均匀，无衬线。

（2）黑体多用于标题制作，有强调的效果，比如使用在主标题或者副标题上，用于和内文区分；黑体字也适合用于路牌、大幅标语、报纸标题、警告标示牌等。黑体字的特点是字形严肃、庄重、有力，富于时代感，端庄大方、浑厚有力、引人注目。图 9-65 所示为常用的 4 种楷体字体。

5. 圆体

（1）圆体字形饱满，笔画结构圆润，既保留了黑体的方正结构，又在笔画两端和转折的地方加上了圆角处理而使其圆润。笔画圆头圆尾，富有独特的亲和力、活泼感，也具有现代美感。

（2）圆体适合表现关于儿童、女性、食品等内容的字体设计。图 9-66 所示为常用的 4 种圆体字体。

6. 书法体

（1）书法体在传统的汉字书法艺术中有篆书、隶书、行书、草书等类别。书法手写字体风格又称书体。而这些经典的书法艺术文字被现代字体设计公司制作成可进行排印的字体文件。在日常的设计过程中，常常可以见到书法字体的身影。图 9-67 所示为东汉石刻隶书《汉西岳华山庙碑》、王羲之的行书《兰亭序》、孙过庭的草书《书谱》、李阳冰的篆书《三坟记》。

华文楷体　　　思源黑体　　　**方正兰亭圆简体**

汉仪颜楷简　　**筑紫明朝**　　　汉仪润圆

文鼎颜体　　　方正兰亭黑　　　造字工房悦圆

超世纪粗毛楷　**冬青黑体**　　　造字工房彩圆

　　图　9-64　　　　　　图　9-65　　　　　　图　9-66

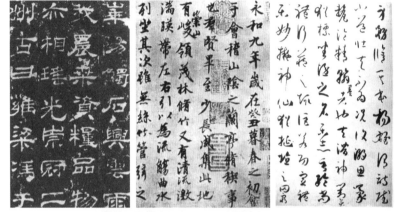

图　9-67

（2）常用的 4 种书法字体如图 9-68 所示。

7. 美术体

（1）美术体诞生于民国时期。20 世纪二三十年代的艺术家受日本和欧美的"图案"理论和"包豪斯"造型理论的影响,现代美术字"设计"的风格就此诞生。图 9-69 所示为中国早期的《良友画报》的刊头美术字设计。

汉仪瘦金书

沙孟海书法字体

汉代古隶

书体坊兰亭体

图 9-68

图 9-69

（2）这些充满装饰韵味的字形风格是经由宋体、黑体等基本字体变化而来，分为黑体变体字、宋体变体字、混合体变体字、书法体变体字，也可以是其中两种或三种字体的结合变形。美术字的设计原则就是笔画变形。汉字的笔画形状主要是指笔画在起笔、收笔以及折处的特点，有方、尖、圆、曲线4种。美术字字体则充分利用这些文字特点进行变形改造，使文字看起来具有特定的情感，也就是采用现代造型理论与审美情趣，来适应现代商业领域设计工作。总之现代美术字体是极具装饰意味的重要字体，如图 9-70 所示。

图 9-70

图　9-70（续）

（3）随着美术字体的长足发展,原先手工定制的变体字也产生了许多新兴的系统字库,像造字工房、新蒂字库、汉仪字库、喜鹊造字等,这些专门开发美术字字体的设计公司已经有很多的美术字库,如图 9-71 所示。

优设标题黑　　　　锐字工房卡布奇诺

造字工房版黑　　　喜鹊乐敦体

文悦青年体　　　　腾祥铚谦幼儿简

锐字工房金刚大黑　站酷文艺体

造字工房松鹤体

造字工房念真

造字工房黄金时代

造字工房梵宋体

图　9-71

第10章 版面设计

本章将学习如何使用 Illustrator 中的文字设计工具并结合图形绘制工具等进行版面设计。版面设计是平面设计的重要组成部分,其旨在处理版面上视觉元素的分布排列,并根据构图的构成法则来实现特定的视觉传达目的。

本章要点:

- 版面设计基础
- 网格设计
- 版面设计实例

10.1 版面设计基础

1. 版面设计的概念

版面设计是现代设计艺术的重要组成部分,是视觉传达的重要手段。它不仅是一种技能,更是技术与艺术的高度统一。图 10-1 所示为"七巧板玩具"。版面设计可以理解为:在有限的版面空间里,将版面内的构成要素(文字、图形图像、装饰图形、颜色等)根据特定的需要进行排列组合,并运用造型要素及形式原理,把构思与计划以视觉形式表达出来,以达到传递信息和满足审美需求的目的。

图 10-1

2. 版面设计的功能

版面设计是通过版面元素的编排达到信息传达的目的,文字的编排能够保证阅读的流畅,并且通过编排的方法产生一定的美感,使读者阅读的过程充满轻松、美好的感觉;又可以让读者通过版面的阅读产生美的遐想与共鸣,让设计师的观点与涵养能进入读者的心灵。一个好的版式设计能更快、更准地传递信息,帮助信息交流,如图 10-2 所示。

图　10-2

3. 版式设计的作用

版式设计可以采用各种不同的版面编排形式体现版面的协调性,使杂乱的文字与图形具有规律,体现出版面统一、协调的视觉效果,使信息在阅读时具有明确的节奏感并使版面具有阅读美感,同时达到了信息传达的目的,如图 10-3 所示。

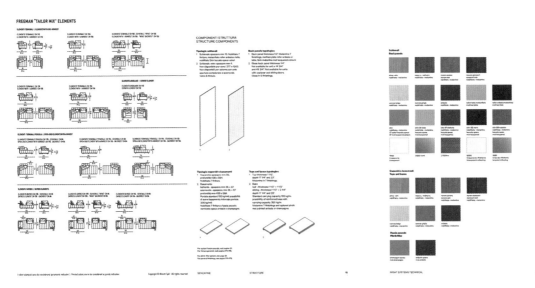

图　10-3

4. 版式设计的原则

1) 充分的思考

版面设计本身不是目的,设计是为了更好地传播客户信息的手段。一个成功的版面设计,首先必须明确客户的目的,并深入了解、观察、研究与设计相关的方方面面。版面离不开内容,更要体现内容的主题思想,用以增强读者的注意力和理解力。只有做到主题鲜明、内容清晰,才能达到版面设计的最终目标。

2）审美

主题鲜明的版面布局和表现形式等成为版面设计的艺术核心。怎么才能达到有创意、形式美、变化又统一,以及具有什么情趣,这就取决于设计者自身的文化内涵和不断的学习过程。

3）整体而统一

通过版面图文间的整体组合与协调编排,使得版面具有秩序美,条理清晰,从而获得良好的传播效果。

4）趣味性

版式设计中的趣味性主要是指形式上的情趣。如果版面本无多少精彩的内容,就要在创作中运用艺术手段,使版面增加趣味性,从而更吸引人及打动人。趣味性可采用寓意、幽默和抒情等表现手法来实现。独创性实质上是突出个性化特征的原则。鲜明的个性是版面设计的创意灵魂。

5）版式设计的应用范围

版面设计的应用范围涉及报纸编排、杂志设计、插图设计、海报设计、界面设计、影像艺术、交互设计、展陈设计、品牌设计、网页设计、包装设计,如图 10-4 所示。

（a）报纸

图　10-4

(b) 插图设计

(c) 界面设计

图 10-4（续）

6）版式设计的视觉语言

（1）版面调性。文字、图形、图像的调性风格特点，可以凸显典雅、活泼、严肃、冷静等感觉，如图 10-5 所示。

(a)   (b)

图 10-5

（2）版面的视觉度。版面的视觉度是指文字与图片（图像、插图、图形）对人产生的视觉吸引力的强度。版面内越引人注目的视觉元素所产生的视觉度越大，越容易吸引观者注意。图片比文字更能吸引人的注意，图片的视觉度高于文字，在海报等大幅面设计项目中运用图像或插图能够提高视觉度，让人有兴趣继续观看下去，如图 10-6 所示。

(a)

(b)

(c)

(d)

(e)

图 10-6

提示：

图片元素的类型可分为写实和抽象，一般在同等大小的情况下，抽象图形的视觉度强于写实图形，这是因为简单的图形更容易记忆，所以人天生对简单的图形敏感。就写实图片来说，人物肖像具有最强的视觉吸引力，尤其是人的脸部，看到后让人兴奋。而天空、大海等风光图片吸引力最弱，可以让人情绪平静。因此，较为严肃的设计项目建议选用较少的图片使视觉度降低；杂志、广告、趣味图书等项目需要视觉度高，以增加观看兴趣，如图 10-7 所示。

图　10-7

（3）图版率。图版率是指版面中的图片元素和文字元素所占的面积比率。提高图版率可以活跃版面，增加版面的亲和力，没有图的版式显得很压抑，令人窒息，这种版式只适合于字典、法规等特殊用途的书籍；而加上一适量图片后感觉就完全不同了，显得很有生气，让人产生阅读的兴趣。完全没有文字的版面显得空洞。但图版率一旦超过了90%(图片过多)，如果没有文字，反而会让人感觉空洞无味，给人单调的感觉。如果稍微加入一点文字，版式就又活跃起来，如图 10-8 所示。

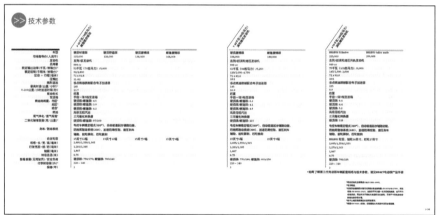

图　10-8

（4）文字跳跃率。文字跳跃率是指版面中最小字与最大字的比率，比率越大，跳跃率越高。较高的文字跳跃率给人健康、有活力的印象，更可以吸引人的注意力；降低跳跃率给人沉稳、高品质、历史感的印象。正确的文字跳跃律可以传递准确的信息，如图 10-9 所示。

(a)

(b)

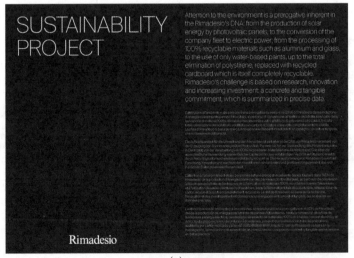

(c)

图　10-9

（5）图片跳跃率。图片跳跃率是指版面中面积最小的图片与面积最大的图片的面积比，比率越大跳跃率越高。图片跳跃率低，显得稳重、品质高；图片跳跃率高，显得轻松活泼。放大某些图片，形成主次，版面显得更加有条理及有生气。照片面积的大小与照片中物体的繁简程度进行对比，可以增强动感，如图 10-10 所示。

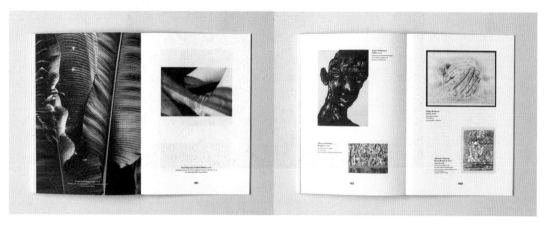

图　10-10

7）图片的轮廓

（1）角版。角版是指画面被直线方框切割。角版画面有庄重、沉静与良好的品质感，在较为正式的场景下应用较多，有利于创建理性、紧凑的感觉，如图 10-11 所示。

图　10-11

（2）出血版。出血版是指画面充满或者超出版面页，无边框的限制，有向外扩张和舒展之势。出血版由于画面放大，有很高的图版率，一般用于传达情感或者有动态内容的版面，如图 10-12 所示。

图　10-12

（3）羽化版。画面四周呈现不透明度渐变效果，常用于有特殊需求的画面处理，有清新柔和的效果，如图 10-13 所示（麻利军绘制）。

（4）挖版。挖版也叫退底图，即将图片中精彩的图像部分按需要剪切下来，而去掉不需要的部分。挖版图形显得自由而生动，可与不同的画面相结合，十分灵活，如图 10-14 所示。

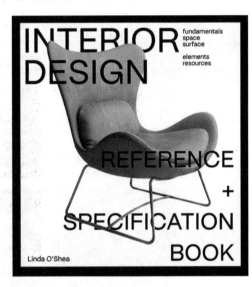

图　10-13　　　　　　　　　　　　　　　　　图　10-14

（5）留白。留白的主要作用是在视觉传达中配合图片、文字向大众传达作者的意图和各种信息。在留空白时应该注意人们的阅读习惯和元素之间的节奏感。高级感的设计作品往往采用高留白率的版式。合理的留白能改善人的阅读习惯，过于"饱满"的版式呈现会导致人眼接受信息时容易疲劳，同时影响到信息接收的效果。恰当的留白设计在视觉系统中充当着调节空间的角色，营造呼吸的空间才能让受众更顺畅地实现信息的有效传递。留白还可加强虚实对比，营造空间感，突出主题主体，如图 10-15 所示。

图　10-15

📑 提示：

在留白的衬托下，受众更容易认识到画面的主体，用无色来衬有色，用无形来托有形，使得后者更加突出。利用这个特点，可以使用简洁的外轮廓或者经处理以突出所要表达的特定形象来说明或表达观点和问题。留白使得整体更加协调，减少因构图太满而产生的压抑感。从画面的虚实要求来看，留白充当的就是虚的部分，这个虚的部分可以理解为是对不重要部分的虚化，或者是对虚化部分外的强调，如图 10-16 所示。

图　10-16

图 10-16（续）

10.2 网 格 设 计

1. 什么是网格设计

在版面设计中，网格设计系统是一种平面设计的方法与风格，运用固定的网格区域设计版面布局。网格设计系统作为一种"约束空间"，有利于实现文本与图片的对齐，能保持版面设计时的干净整洁。

2. 网格设计的好处

网格设计系统可以大大加快和改进设计效率，避免了随机、混乱地排布各种元素，因为"网格"决定了内容应该放置的合理位置，从而提高了设计效率。好的网格设计可以使大量的文字更整洁、更有组织地布局，并有助于增强正文的可读性。如图 10-17 所示，网格系统在设计初期给编排内容提供了一个基础架构，并提供了一个向导，以确定应该放置哪些元素，而且这些基础的架构便于设计师理解和沟通，提供多位设计人员共同设计的可能性。设置网格系统来排版可以提高多页面布局的整体感，在多页面编排时，网格系统将从一个页面转移到另一个页面，同时始终保持一个连贯一致的布局，使整体版面布局更容易保持整体感，每个页面看起来都有关联性、整体性。

图 10-17

基于网格进行设计,可以增强视觉层次,这意味着将设计的每个元素划分成大小相等的单元格,可以加快层次结构的设计梳理,并使它变得更容易。

3. 设置不同的网格

设计时要灵活地设置不同的网格。网格是具有高度功能性和灵活性的方法,可以适应不断变化的设计。在创建网格时可以根据项目特性来选择适合的栏宽和单元格数量。通过设置网格系统来控制版面中的视觉元素的数量和组合,还可以创造出一种紧凑、清晰易懂、整洁有序的设计效果,这样可增强信息传递的可靠性,如图 10-18 所示。

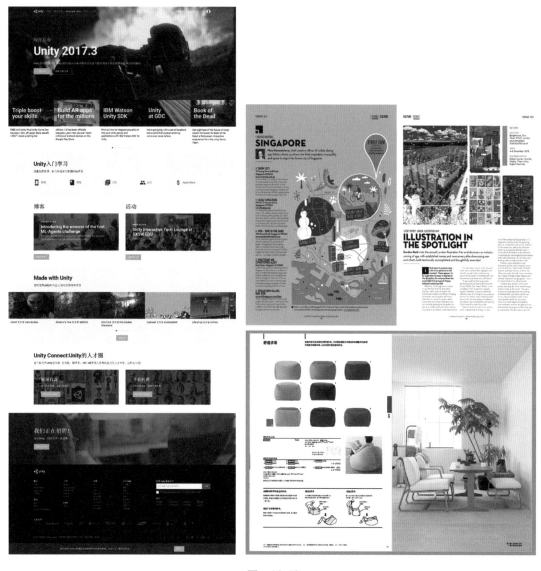

图　10-18

4. 认识版面设计术语

版面设计中常用的术语名词如图 10-19 所示。

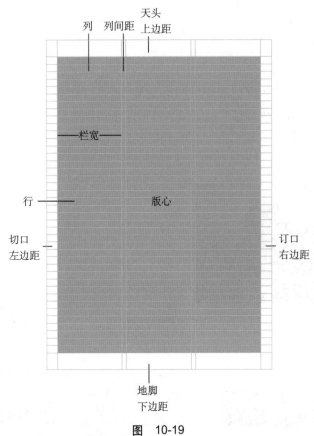

图　10-19

- 天头：版心（网格）上方留白区域（页边距）。
- 切口：版心左方的留白区域。如果为左边页面,则左侧的切口位置建议小一点,但应大于 3mm（出血位）。
- 订口：版心右方的留白区域。一般订口的页边距比切口大,需满足多页面的装订损耗。
- 地脚：版心下方的留白区域。一般地脚的页边距较大,可为常规页码提供空间,也让版心稍微靠上使视觉更为舒适。
- 栏：网格中列与列之间的空间,一般根据正文的字号（pt）来设置。建议距离稍大于字号,过窄或过宽的栏距都会使版面看起来很奇怪。
- 列：单元格中的竖栏。
- 行：单元格中的横栏。

5. 在 Illustrator 中建立网格

1) 适合使用网格排版的情况

排版时主要分文字元素和图片元素。文字元素主要有大标题、副标题、小标题、正文、配文、注释等几种不同用途的文字。而图片元素有照片、表格、插图、图形、符号等视觉元素。这是建立一套网格系统最主要的依据。建立的网格就是参考线。

2）建立网格的步骤

建立网格的操作步骤如下。

（1）在 Illustrator 中利用【分割为网格】命令建立网格。以 A4 纸的版面大小为例，新建一个 A4 大小的文档（210mm×297mm），再绘制一个与画板等大的矩形，并去掉填充和描边。

（2）在【变换】面板确定页边距：天头 15mm，切口 10mm，订口 20mm，地脚 30mm。在【宽】与【高】两个文本框分别输入 180mm、252mm，如图 10-20 所示。

（3）在菜单栏中选择【对象】→【路径】→【分割为网格】命令，将矩形分割为网格。在打开的对话框中输入栏间距等数值，如图 10-21 所示。

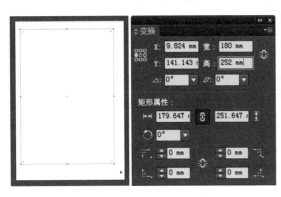

图　10-20

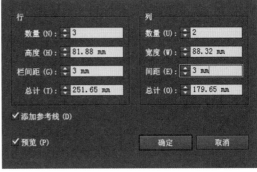

图　10-21

（4）全选路径，右击并选择【建立参考线】命令，将路径转换为参考线，完成网格的建立，如图 10-22 所示。

3）【区域文字选项】分割区域文字网格

在 Illustrator 中，【区域文字】对象也可进行网格分割。在菜单栏中选择【文字】→【区域文字选项】命令，在对话框中输入相应数值。标题字体选择 Myriad Pro Regular、18pt，正文字体为 Myriad Pro Regular、12pt，行距为 14pt，栏宽（间距）为 18pt，如图 10-23 所示。

📑 提示：

（1）眼睛的阅读距离为 30～35cm，即每行可看到 7～10 个英文单词，20～30 个中文字符。对于观者来说，阅读困难就意味着传达信息的记忆力降低，太长的行阅读时易累；太短的行会频繁换行阅读，眼睛会很费力。另外，过宽或过窄的行距会对版面造成不利的影响，让读者困惑；过宽的行距会形

图　10-22

成孤立感，打断文本的连贯性，丢失紧凑感；过窄的行距会使文本过于紧凑，降低了一些清晰度，让观者无法集中注意力定位到某一行来阅读，所以合适的栏宽和行距的设置都应考虑这些因素，让观者在阅读时保持轻松愉悦的状态，如图 10-24 所示。

Exhibition

Created to illustrate our intention of building an office park
that fits into the natural landscape, the Exhibition showcases
the innovative design principles of Apple Park.

Store

Designed to offer a highly curated selection of Apple prod-
ucts and accessories, the Store includes exclusive Apple- and
Apple Park–branded merchandise.

Roof Terrace

The Roof Terrace features a unique view of Apple Park and its
rolling landscape.

Cafe

With comfortable seating both inside and out, the Cafe serves
refreshments for guests to enjoy as they take in the surround-
ing olive grove.

Exhibition

Created to illustrate our intention of building an office park
that fits into the natural landscape, the Exhibition showcases
the innovative design principles of Apple Park.

Store

Designed to offer a highly curated selection of Apple prod-
ucts and accessories, the Store includes exclusive Apple- and
Apple Park–branded merchandise.

Roof Terrace

The Roof Terrace features a unique view of Apple Park and its
rolling landscape.

Cafe

With comfortable seating both inside and out, the Cafe serves
refreshments for guests to enjoy as they take in the surround-
ing olive grove.

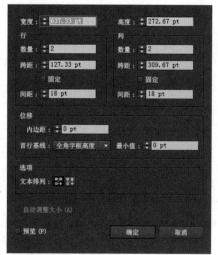

图　10-23

小巧灵动

轻小可折叠，一上手就爱不释手，拍摄、携带都轻轻松松。
磁吸设计，无须拆去保护壳即可快速连接手机开拍，取下
手机也超方便。

快速开拍

展开即开机，连接手机后 app 自动弹出，从开机到开拍一
气呵成，高效顺畅，灵感不断。

三轴增稳

集成 DJI 大疆先进的云台增稳技术，提供无损防抖性能，
让你在每一个灵感爆发的时刻，总能稳稳拿捏，轻松拍出
可以媲美专业大片的得意之作。

小巧灵动

轻小可折叠，一上手就爱不释手，拍摄、携带都轻
轻松松。磁吸设计，无须拆去保护壳即可快速连接
手机开拍，取下手机也超方便。

快速开拍

展开即开机，连接手机后 app 自动弹出，从开机到
开拍一气呵成，高效顺畅，灵感不断。

三轴增稳

集成 DJI 大疆先进的云台增稳技术，提供无损防
抖性能，让你在每一个灵感爆发的时刻，总能稳稳
拿捏，轻松拍出可以媲美专业大片的得意之作。

合适的栏宽和行距　　　　　　　　　　　　　　　不合适的栏宽和行距

图　10-24

（2）比例合适的页边距设置可以使版面灵动舒适，为对页的左侧页面、天头、切口、订
口、地脚的页边距距离都符合一定的比例，版面看起来非常和谐，如图 10-25 所示。

4）借助外部插件来建立高级网格

还可以使用开源插件 GuideGuide 来设置网格，如图 10-26 所示，具体方法与分割路径
类似。该插件同样支持在 Photoshop 中使用。GuideGuide 插件支持给画板直接生成网格参
考线，也可针对矩形对象来生成局部的网格参考线，十分灵活，可生成多种形式的网格。

🔖 提示：

（1）自动安装插件的方法。如安装了 Adobe Extension Manager CC，双击 zxp 文件即可
自动安装。

（2）使用 zxpinstaller 可以安装插件，软件下载地址为 http://zxpinstaller.com/。

（3）手动安装方法。解压 zxp 到 GuideGuide 文件夹并复制到以下对应文件夹：
Photoshop 程序目录 \Required\CEP\extensions，或 Illustrator 程序目录 \CEP\extensions，或 C:\
Program Files\Adobe\Adobe Illustrator CC 2018\CEP\extensions\。

（4）安装成功后打开软件，在菜单栏中选择【窗口】→【扩展功能】→ GuideGuide 命令，打开插件。

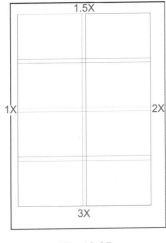

图　10-25

图　10-26

10.3　版面设计实例

1. 菜单设计实例

菜单设计实例如图 10-27 所示。这个实例是常见的无图片酒店菜单设计物料。进行版面设计时可以利用 Illustrator 中的【对象】→【路径】→【分割为网格】命令对矩形路径进行网格设计系统转换，配合"建立参考线"命令，将分割好的网格路径转换为网格系统后，再进行版面的设计。在分割网格时，需根据文字内容的形式和文字数量的多少，提前计算网格的列数和行数；同时还需要确定版心的具体位置，也就是页边距离的大小。这样的网格系统规范、准确，便于批量制作，可大幅提高排版效率。具体效果演示请参考微课视频。

图　10-27

版面设计实例 1.mp4

2. 创意版式设计实例

创意版式设计实例如图 10-28 所示。这个实例是常见的同时具备图片与文字编排的画册、手册等设计物料。同样需要借助网格系统来设计。需要注意的是，在创建网格系统时，可选择创建单元格式的网格系统，更有利于图片与文字的相互对齐，其较为灵活的特点也更适合创意版式的编排设计。具体效果演示请参考微课视频。

版面设计实例 2.mp4

图　10-28

3. 双语手册设计实例

双语手册设计实例如图 10-29 所示。这个实例是常见的双语设计物料，而且版式设计感强，但需特别注意西文和中文编排时小标题与正文之间的行距以及基线对齐位置；网格系统方面可选择多列式网格进行设计。具体效果演示请参考微课视频。

版面设计实例 3.mp4

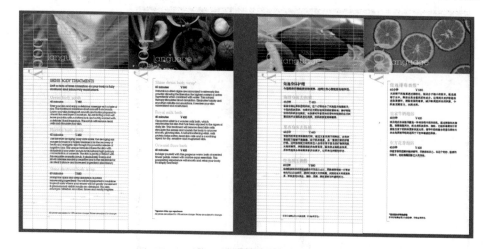

图　10-29

4. 杂志广告设计实例

GuideGuide 网络生成插件设计实例如图 10-30 所示。具体效果演示请参考微课视频。

版面设计实例 4.mp4

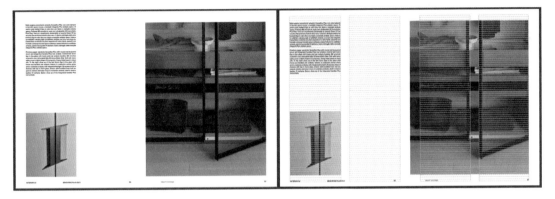

图 10-30

参 考 文 献

[1] 小林章. 西文字体：字体的背景知识和使用方法 [M]. 刘庆, 译. 北京：中信出版社，2014.

[2] 小林章. 西文字体 2：经典款西文字体及其表现方法 [M]. 陈嵘, 监修, 刘庆, 译. 北京：中信出版社，2015.

[3] 布莱恩·伍德. Adobe Illustrator CC 2018 中文版经典教程 [M]. 侯晓敏, 译. 北京：人民邮电出版社，2020.

[4] 约瑟夫·米勒－布罗克曼. 平面设计中的网格系统 [M]. 徐宸熹, 张鹏宇, 译. 上海：上海人民美术出版社，2016.